Klasse 8-13

Stefan Lamm

Geraden & Parabeln

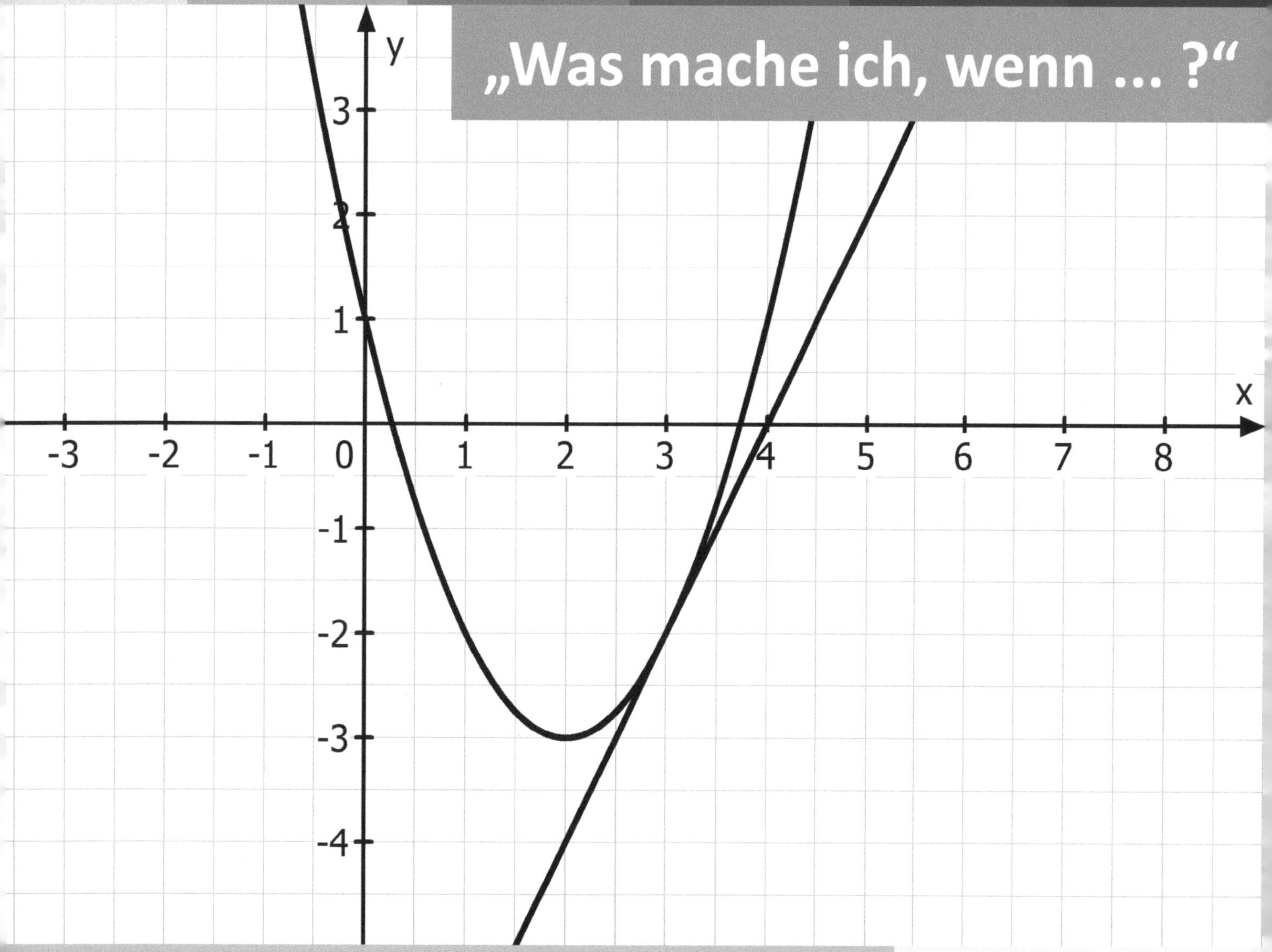

„Was mache ich, wenn ... ?“

Gezielte Vorbereitung auf Arbeiten & Prüfungen

Geraden & Parabeln

Was mache ich, wenn ...?

3. Auflage 2025

Inhalt: Stefan Lamm
Umschlagbild: © Stefan Lamm
Cliparts: © clipart.com
Redaktion: Kohl-Verlag
Grafik & Satz: Kohl-Verlag
Druck: Elanders Druck, Waiblingen

Sämtliche Grafiken wurde mit "MatheGraphix 11.0" erstellt.

Bildquellen:

Seite 8, 12, 42 und 83: © synGGG - AdobeStock.com;
Seite 72: © blede11.photo - AdobeStock.com

Bestell-Nr. 12 220

ISBN: 978-3-96040-387-6

Kontakt: Kohl-Verlag, An der Brennerei 37-45, 50170 Kerpen
Tel: +49 2275 331610, Mail: info@kohlverlag.de

Inhalt

Seite

Vorwort **5**

Spickzettel **6 - 7**

MindMap „Geraden“ **8**

MindMap „Parabeln“ **42**

Teil 1: Lineare Funktionen **Klasse 8-13**

Was mache ich, wenn...

1. ... ich eine Wertetabelle erstellen möchte? **9**

2. ... ich eine Gerade ohne Wertetabelle in ein KOS* zeichnen möchte? **12**

3. ... ich die Gleichung einer Geraden aus einem Schaubild ablesen soll? **15**

4. ... ich die Funktionsgleichung einer Geraden aus einem bekannten Punkt A(x/y) und der Steigung m bestimmen möchte? **18**

5. ... ich die Funktionsgleichung einer Geraden aus einem bekannten Punkt A(x/y) und dem y-Achsenabschnitt b bestimmen möchte? **20**

6. ... ich mit Hilfe der Punktprobe... **22**
a) die fehlende Koordinate eines Geradenpunktes berechnen möchte?
b) überprüfen soll, ob ein Punkt tatsächlich „auf der Geraden“ liegt?

7. ... ich die Schnittpunkte mit den Koordinatenachsen berechnen möchte? **24**

8. ... ich die Funktionsgleichung einer Geraden bestimmen möchte, von der ich lediglich zwei Punkte A(x/y) und B(x/y) kenne? **26**
*Möglichkeit 1: LGS***
Möglichkeit 2: Punkt-Steigungs-Form

9. ... ich den Schnittpunkt zweier Geraden bestimmen möchte? **30**

10. ... ich eine parallele Gerade bestimmen möchte, die durch einen angegebenen Punkt verläuft? **32**

11. ... ich eine Orthogonal auf eine gegebene Gerade bestimmen möchte, die durch einen angegebenen Punkt verläuft. **34**

Teil 2: Tangente und Normale **SEK II**

Was mache ich, wenn...

1. ... ich eine Tangente an einer Polynomfunktion anlegen soll? **36**

2. ... ich eine Normale an einer Polynomfunktion anlegen soll? **39**

* KOS = Koordinatensystem / ** LGS = Lineares Gleichungssystem

Inhalt

Seite

Teil 3: Quadratische Funktionen **Klasse 8-13**

Was mache ich, wenn...

1. … ich eine Wertetabelle erstellen möchte? **43**

2. … ich mit Hilfe der Punktprobe… **46**
a) …die fehlende Koordinate eines Parabelpunktes berechnen möchte?
b) …überprüfen soll, ob ein Punkt tatsächlich „auf der Parabel“ liegt?

3. … ich mit Hilfe eines Punktes einen fehlenden Koeffizienten ausrechnen soll? **48**

4. … ich die Funktionsgleichung einer Parabel bestimmen möchte, von der ich lediglich zwei Punkte A(x/y) und B(x/y) kenne? **51**

5. … ich die Funktionsgleichung einer Parabel bestimmen möchte, von der ich drei Punkte A(x/y), B(x/y) und C(x/y) kenne? **54**

6. … ich den Koeffizienten a einer allgemeinen Parabel mit Hilfe eines Schaubildes berechnen möchte? **57**

7a. … ich die Schnittpunkte mit den Koordinatenachsen berechnen möchte? **60**

7b. … ich den zweiten Schnittpunkt mit der x-Achsen per Argumentation bestimmen möchte? **65**

8. … ich den Scheitelpunkt bestimmen möchte? **67**

9. … ich eine Parabel einzeichnen möchte? **72**

10a. … ich die Funktionsgleichung aus dem Schaubild ablesen will? **75**

10b. … ich den Koeffizienten a aus dem Schaubild einer allgemeinen Parabel ablesen will? **80**

11. … ich eine Parabel im KOS* rechnerisch verschieben möchte? **83**

12. … ich eine Parabel im KOS* spiegeln möchte? **86**

13a. … ich den/die Schnittpunkt(e) einer Parabel mit einer Geraden berechnen möchte? **89**

13b. … ich den/die Schnittpunkt(e) einer Parabel mit einer weiteren Parabel berechnen möchte? **94**

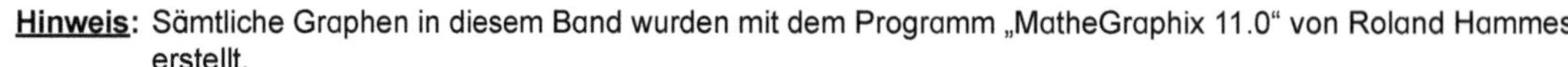

Hinweis: Sämtliche Graphen in diesem Band wurden mit dem Programm „MatheGraphix 11.0“ von Roland Hammes erstellt.

KOHL VERLAG Geraden & Parabeln
Was mache ich, wenn...? - Bestell-Nr. 12 220

Vorwort

„Schreiben Sie doch mal ein Übungsbuch über Geraden und Parabeln, aber bitte so, dass auch wir es verstehen!"

(Lara, 10. Klasse, Abschluss 2017 Realschule)

Seit einigen Jahren bereite ich jährlich lernschwache Schüler auf die Mathematik-Prüfung der Realschule in Baden-Württemberg vor. Viele dieser Schüler wollen nach ihrem Abschluss eine weiterführende Schule besuchen und gerade dort ist das Verständnis der Kurvendiskussion von entscheidender Wichtigkeit. Machen die Kurven in SEK I nur einen kleinen Teil der Prüfung aus (in BaWü), so ist das bei weiterführenden Schulen ein deutlich höherer Anteil. Und lineare bzw. quadratische Funktionen sind die Basis der Analysis und für das Verständnis höhergradiger Funktionen, e-Funktionen oder trigonometrischer Funktionen von entscheidender Bedeutung.

Selbst meine lernschwächsten Schüler kamen nach einiger Übung stets zu der Erkenntnis, dass die einzelnen Techniken der Analysis nicht so schwer sind. Das Problem liegt eher darin, immer den richtigen Weg zu finden.

Aus den Erfahrungen der vielen Übungsstunden heraus ist dieses Material entstanden. Es richtet sich ganz bewusst nicht an Schüler, die Geraden und Parabeln frisch erkunden müssen, sondern soll der gezielten Vorbereitung auf Klassenarbeiten und Abschlussprüfungen dienen. Grundlagen werden hier vorausgesetzt. Das Konzept dieses Werkes beruht auf der Idee, dem Schüler eine schnelle Antwort auf die ständig wiederkehrende Frage ...

„Was mache ich, wenn...?"

zu bieten. Das Buch greift die gängigsten Fragestellungen aus Prüfungen auf und bietet schnelle, unkomplizierte Lösungswege. Jeder Sachverhalt wird mit einem Beispiel erläutert und kann dann in Eigenregie an beigefügten Aufgaben gleichen Typs geübt werden. Zur schnellen Selbstkontrolle sind die Lösungen stets hinter den Aufgaben gesetzt, grau unterlegt und kleinschrittig erläutert.

Die „Spickzettel" bieten eine tabellarische Übersicht zu den gängigsten Aufgabestellungen. Es bietet sich an, die Spickzettel bei der Bearbeitung der einzelnen Seiten stets griffbereit zu haben. So prägen sich die Arbeitsabläufe automatisch ein.

Teil 1 beschäftigt sich mit linearen Funktionen und kann ab Klasse 8 eingesetzt werden. Teil 2 vervollständigt die linearen Funktionen um Aufgabestellungen der Oberstufe. Teil 3 widmet sich den quadratischen Funktionen.

Ich möchte die Schüler ermutigen, sich dem Thema der Kurvendiskussion unvoreingenommen anzunehmen und wünsche großen (Lern-)Erfolg bei der Bearbeitung dieses Buches.

Stefan Lamm

Spickzettel

Aufgaben „Gerade“	"REZEPT"
Gerade aus KOS ablesen	y-Achsenabschnitt **b** ablesen. Von dort **Steigungsdreieck** finden und Steigung **m** ablesen mit $m = \frac{y}{x}$. **Funktionsgleichung angeben.**
Gerade in KOS einzeichnen	y-Achsenabschnitt **b** markieren. Von dort **Steigungsdreieck** anlegen und zweiten Punkt markieren. Die beiden so identifizierten Punkte mit Geodreieck weitläufig verbinden.
geg.: Punkt A(x/y) und m	Punkt A(x/y) und **m** in y = mx + b einsetzen und **b** ausrechnen. **Gleichung angeben!**
geg.: Punkt A(x/y) und b	Punkt A(x/y) und **b** in y = mx + b einsetzen und **m** ausrechnen. **Gleichung angeben!**
geg.: 2 Punkte A(x/y) und B(x/y) (2 Möglichkeiten)	a) mit Punktsteigungsform $m = \frac{y-y_1}{x-x_1}$ die Steigung m berechnen. Danach m und entweder A oder B in y = mx + b einsetzen und b ausrenchen. **Gleichung angeben!** b) mit beiden Punkten ein LGS aufstellen. **Gleichung angeben!**
Liegt A(x/y) auf der Geraden?	Punkt A(x/y) in y = mx + b einsetzen und y mit y vergleichen. Ja oder Nein? **Punktprobe.**
Schnittpunkt mit der y-Achse	Für **x = 0** in die Gleichung setzen. Somit ist S_y immer **S_y(0/b).**
Schnittpunkt mit der x-Achse *(NULLSTELLE)*	Für **y = 0** setzen. 0 = mx + b. Nach x auflösen und angeben als **N(x/0).**
Schnittpunkt zweier Geraden	Gleichsetzen **(LGS).** **<u>Nicht vergessen</u>:** nicht nur x sondern auch y berechnen. Angeben des Schnittpunktes **Sp(x/y).**
Steigungswinkel mit x-Achse	Winkel bestimmen durch **m = tan** Steigung einsetzen und Umkehrfunktion tan^{-1}
Parallele Funktion	Zwei Geraden sind dann parallel, wenn sie die gleiche Steigung m haben: **y = 2x + 3 || y = 2x - 5**
Orthogonale Funktion	Eine Gerade g ist dann orthogonal, wenn sie im **rechten Winkel** auf einer anderen Gerade h steht. Dann hat ihre Steigung den **negativen Kehrwert:** $mh = -\frac{1}{m_g}$ h: y = 3x g: $y = -\frac{1}{3}$.

Spickzettel

Aufgaben „Parabel“	"REZEPT"
Normalparabel $y = x^2 + px + q$ einzeichnen	**Scheitelpunkt** bestimmen, in KOS einzeichnen. **Achtung:** Nach oben (+) oder unten (-) geöffnet beachten. Schablone benutzen.
Funktionsterm einer Normalparabel aus KOS ablesen (3 Möglichkeiten je nach Graphik)	a) Ich sehe die **Nullstellen** ⇨ in **Produktform** einsetzen: $y = (x - x_1)(x - x_2)$ b) Ich sehe den **Scheitelpunkt** ⇨ in **Scheitelform** einsetzen: S(d/c) in $y = (x - d)^2 + c$ c) Ich sehe nur **zwei beliebige Punkte** ⇨ mit den Punkten ein Gleichungssystem aufstellen
Allgemeine Parabel $y = ax^2 + bx + c$ einzeichnen	**Wertetabelle** anlegen, dabei sinnvolle Werte für x festlegen. Jedes Wertepaar ist ein Punkt im KOS. Frei Hand verbinden. **Achtung:** Manchmal gibt die Aufgabe das Intervall vor!
Allgemeine Parabel: Gleichung aus KOS ablesen	a) Ich sehe die **Nullstellen** ⇨ in **Produktform** einsetzen: $\mathbf{y = a(x - x_1)(x - x_2)}$ b) Ich sehe den **Scheitelpunkt** ⇨ in **Scheitelform** einsetzen: S(d/c) in $\mathbf{y = a(x - d)^2 + c}$ **Achtung:** Zur Bestimmung von **a** einen weiteren beliebigen Punkt auf der Funktion finden und einsetzen. Nach a auflösen. Oder a im Schaubild bestimmen durch $a = \frac{y}{x^2}$ mit einer Art Steigungsdreieck vom Scheitel aus.
Scheitelpunkt bestimmen durch Rechnung	Normalform mittels **quadratischer Ergänzung** in Scheitelform bringen. Scheitelpunkt ablesen. **Achtung:** Vorzeichen drehen bei d! S(d/c) in $\mathbf{y = (x - d)^2 + c}$
Scheitelpunkt bestimmen durch Logik bzw. Argumentation	Aufgrund der **Symmetrie** muss die x-Koordinate des Scheitelpunkts in der Mitte zwischen den Nullstellen liegen. x bestimmen und in Gleichung einsetzen für y.
Liegt A(x/y) auf der Parabel?	Punkt A(x/y) in Funktionsgleichung einsetzen und y mit y vergleichen. Ja oder Nein? **Punktprobe**
geg.: Punkt A(x/y) und p	Punkt A(x/y) und p in $y = x^2 + px + q$ einsetzen und nach **q** auflösen. **Gleichung angeben!**
geg.: Punkt A(x/y) und q	Punkt A(x/y) und q in $y = x^2 + px + q$ einsetzen und nach **p** auflösen. **Gleichung angeben!**
geg.: 2 Punkte A(x/y) und B(x/y)	Mit beiden Punkten ein **Gleichungssystem** aufstellen und p und q bestimmen.
Schnittpunkt mit der y-Achse	Für **x = 0** in die Gleichung setzen. Somit ist S_y immer $\mathbf{S_y(0/q)}$.
Schnittpunkt(e) mit der x-Achse *(NULLSTELLE)*	Für **y = 0** setzen. $0 = x^2 + px + q$. **pq-Formel** und angeben als $N_1(x_1/0)$ und $N_2(x_2/0)$.
Verschieben einer Parabel	**Scheitelpunkt** bestimmen. Scheitel verschieben. Neuer Scheitelpunkt in Scheitelform einsetzen und in Normalform bringen.
Schnittpunkt zweier Parabeln	Gleichsetzen. **Nicht vergessen:** nicht nur x sondern auch y berechnen. Angeben der/s Schnittpunkte/s $\mathbf{SP_1(x/y)}$ und/oder $\mathbf{SP_2(x/y)}$
Schnittpunkt Parabeln mit Geraden	Gleichsetzen. **Nicht vergessen:** nicht nur x sondern auch y berechnen. Angeben der/s Schnittpunkte/s $\mathbf{SP_1(x/y)}$ und/oder $\mathbf{SP_2(x/y)}$.

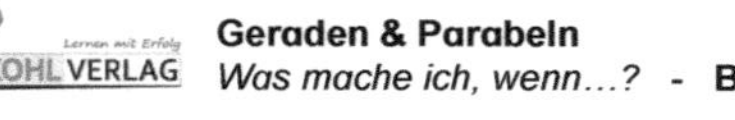

MindMap zu typischen Geradenaufgaben

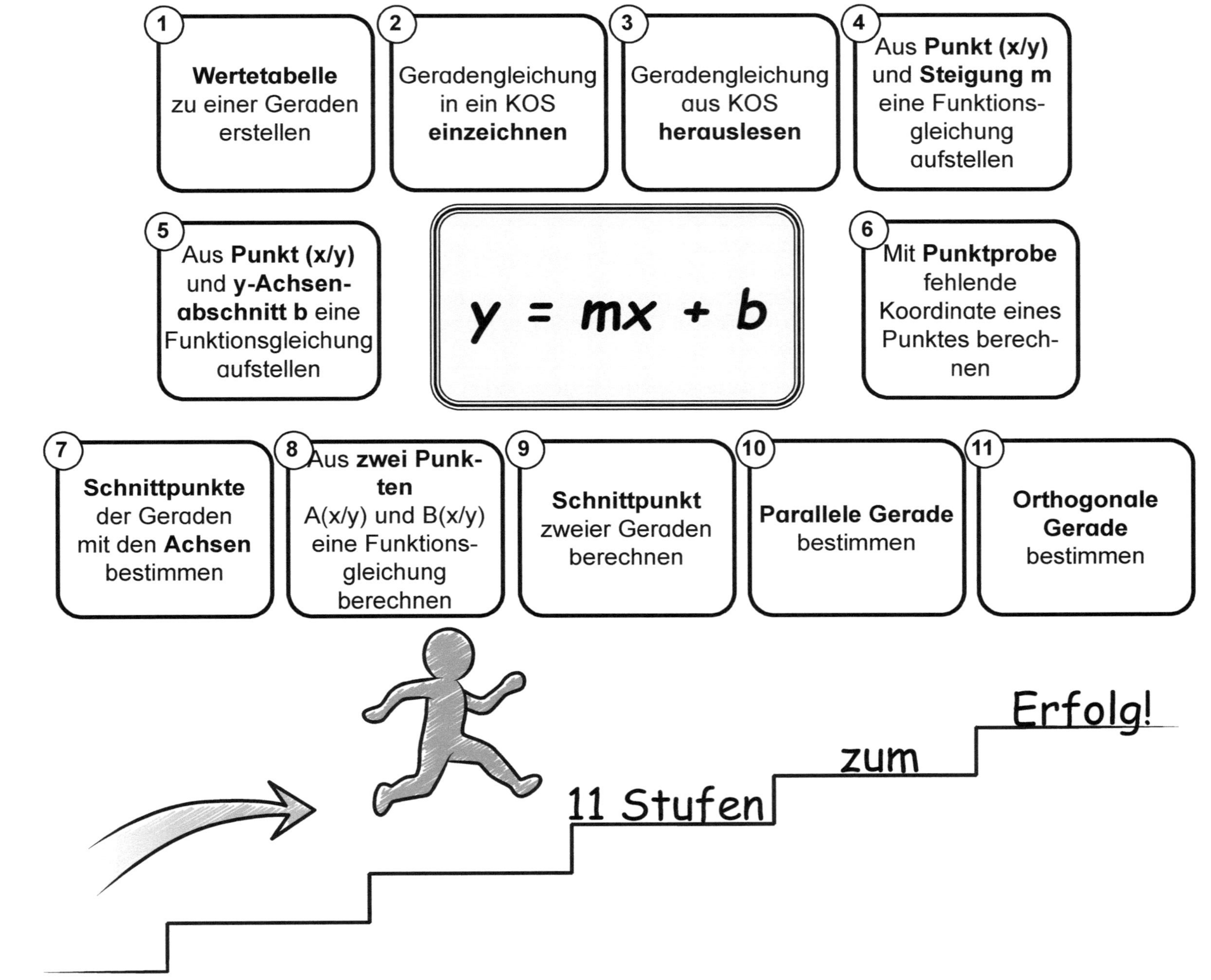

KOHL VERLAG Geraden & Parabeln
Was mache ich, wenn...? - Bestell-Nr. 12 220

1. ... ich eine Wertetabelle erstellen möchte?

Eine Wertetabelle kann dir das Einzeichnen einer Funktion erleichtern. In der Tabelle werden x-Werte und die dazugehörigen Funktionswerte (y-Werte) dargestellt. Jedes Wertepaar kann als Punkt in einem Koordinatensystem eingezeichnet werden. Am Ende werden die Punkte miteinander verbunden.

Achtung: In manchen Aufgaben ist der Bereich angegeben, in dem du die Wertetabelle berechnen sollst. Dann steht in der Aufgabe z. B. der Zusatz:
$\{x \in \mathbb{R}: -3 < x < +4\}$. In diesem Fall ist es vorgegeben, dass die Wertetabelle für die x-Werte von (-3) bis (+4) erstellt werden muss.

Wenn keine Einschränkung gegeben ist, kann die Einteilung der x-Werte sinnvoll selbst festgelegt werden. Es empfiehlt sich, die Tabelle von (-3) bis (+3) aufzubauen.

x	-3	-2	-1	0	1	2	3
y / f(x)							

Zum Ausfüllen der Wertetabelle muss nun nur noch jeder einzelne x-Wert der Tabelle nacheinander in die Funktionsgleichung an der Stelle des x eingesetzt werden. Das Ergebnis wird in der Tabelle eingetragen.

Beispiel: $f(x) = 2 \cdot x + 1$

Lösung:
$f(-3) = 2 \cdot (-3) + 1$
$f(-3) = -5$

$f(-2) = 2 \cdot (-2) + 1$
$f(-2) = -3$

$f(-1) = 2 \cdot (-1) + 1$
$f(-1) = -1$

x	-3	-2 (A)	-1	0	1 (B)	2	3
y / f(x)	-5	-3	-1	+1	+3	+5	+7

Nun müssen die Punkte nur noch in das KOS übertragen und schließlich miteinander verbunden werden.

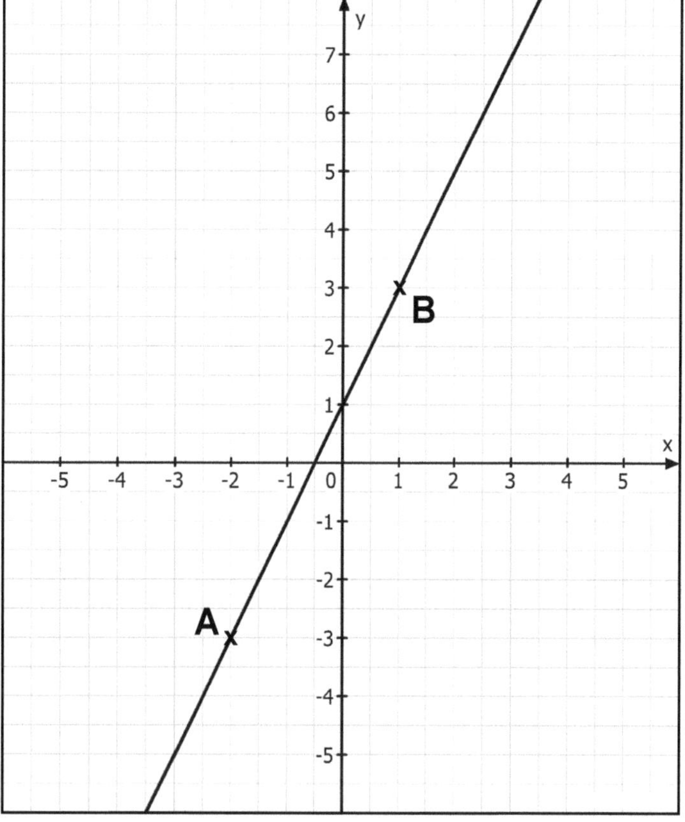

KOHL VERLAG Geraden & Parabeln
Was mache ich, wenn...? - Bestell-Nr. 12 220

1. ... ich eine Wertetabelle erstellen möchte?

Aufgabe: *Erstelle zu den gegebenen Funktionsgleichungen die Wertetabelle und zeichne die Gerade dann in das KOS. Es gilt: {x Є R: -3 < x < +3}.*

a) f(x) = 3x - 2

x	-3	-2	-1	0	1	2	3
y / f(x)							

b) g(x) = - 2x + 4

x	-3	-2	-1	0	1	2	3
y / f(x)							

c) h(x) = 1,5x

x	-3	-2	-1	0	1	2	3
y / f(x)							

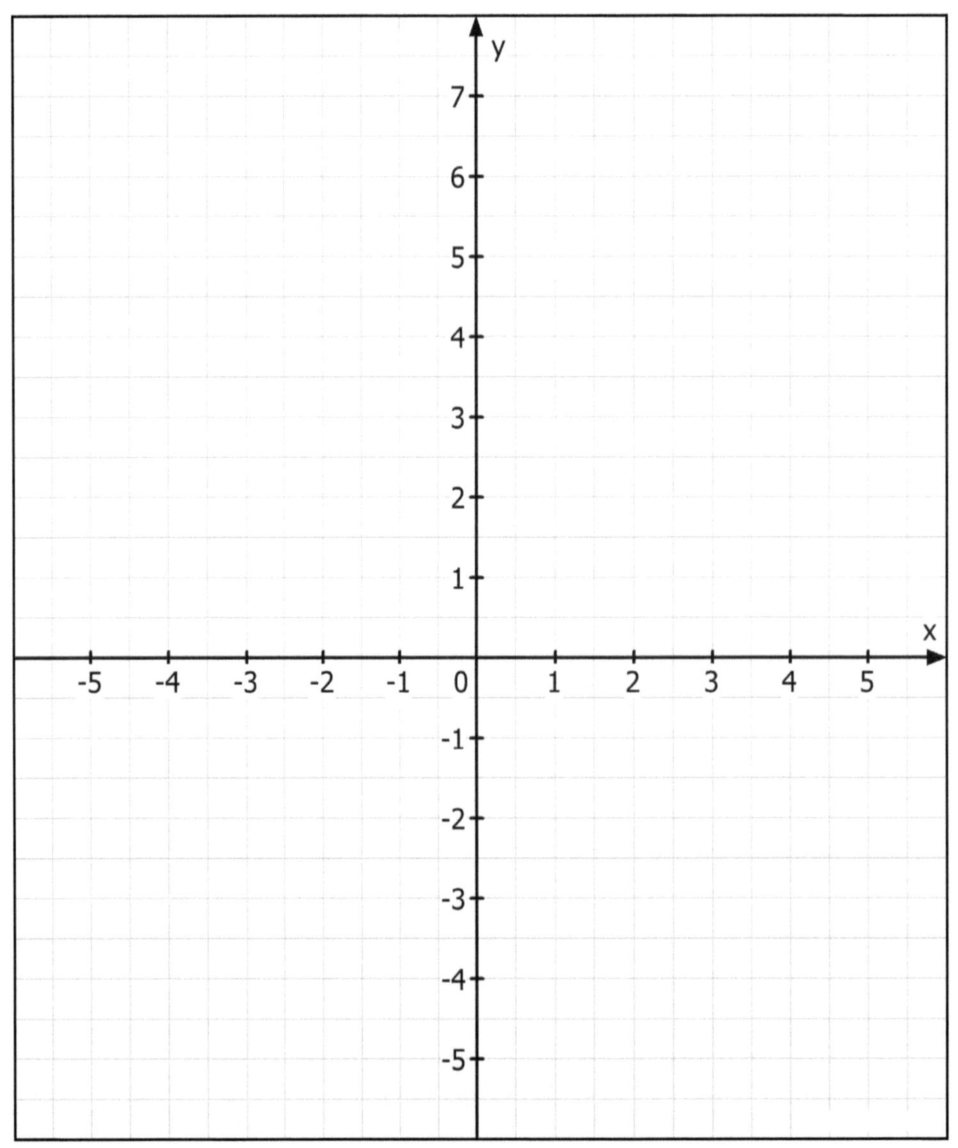

KOHL VERLAG Geraden & Parabeln *Was mache ich, wenn...?* - Bestell-Nr. 12 220

Teil 1: Lineare Funktionen

1. … ich eine Wertetabelle erstellen möchte?

Aufgabe: *Erstelle zu den gegebenen Funktionsgleichungen die Wertetabelle und zeichne die Gerade dann in das KOS. Es gilt: {x Є R: -3 < x < +3}.*

a) f(x) = 3x - 2

x	-3	-2	-1	0	1	2	3
y / f(x)	-11	-8	-1	-2	1	4	7

b) g(x) = - 2x + 4

x	-3	-2	-1	0	1	2	3
y / f(x)	10	8	6	4	2	0	-2

c) h(x) = 1,5x

x	-3	-2	-1	0	1	2	3
y / f(x)	-4,5	-3	-1,5	0	1,5	3	4,5

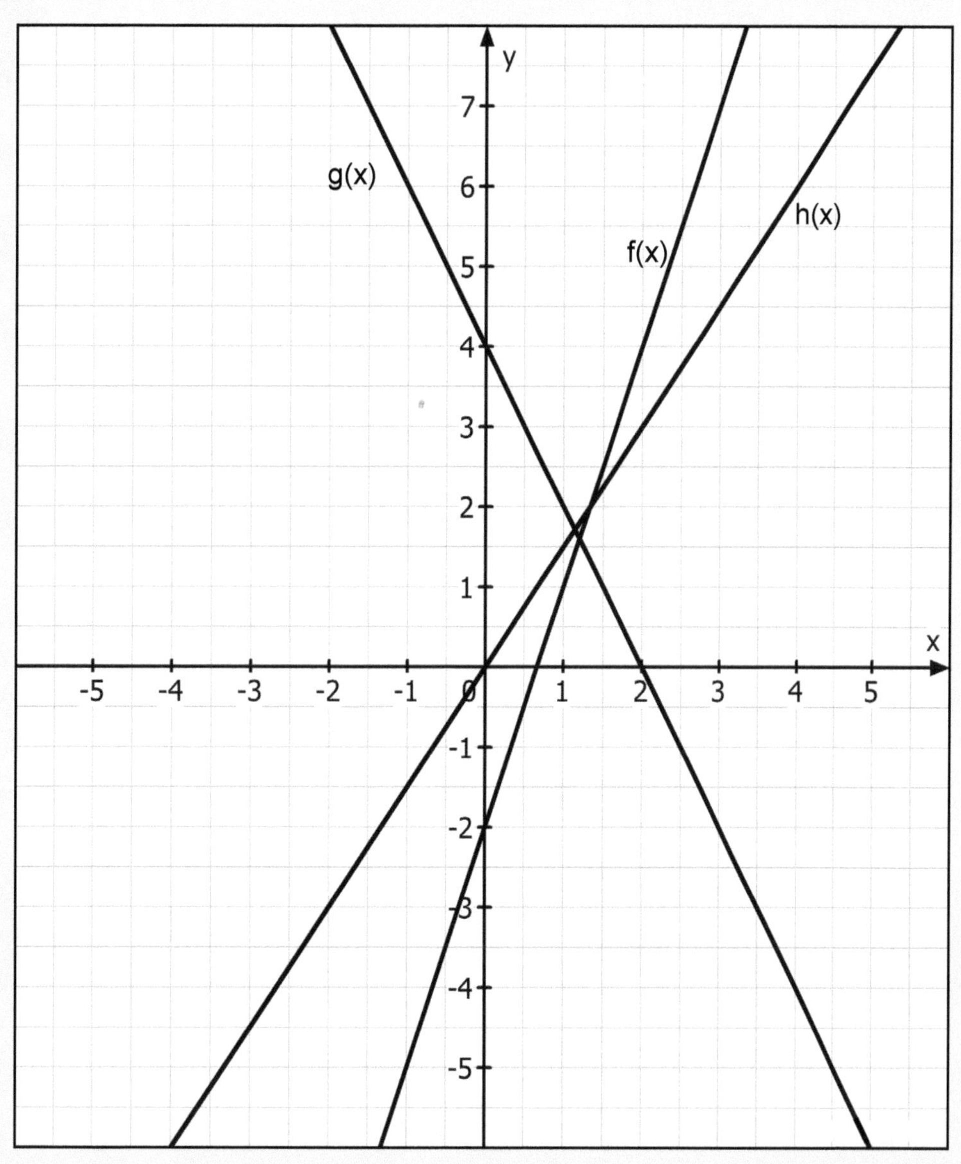

KOHL VERLAG Geraden & Parabeln *Was mache ich, wenn...?* - Bestell-Nr. 12 220

2. ... ich eine Gerade ohne Wertetabelle in ein KOS zeichnen möchte?

Die Angaben, die wir der Funktionsgleichung entnehmen können, reichen aus, um eine Gerade in ein KOS einzeichnen zu können. Wir erinnern uns:

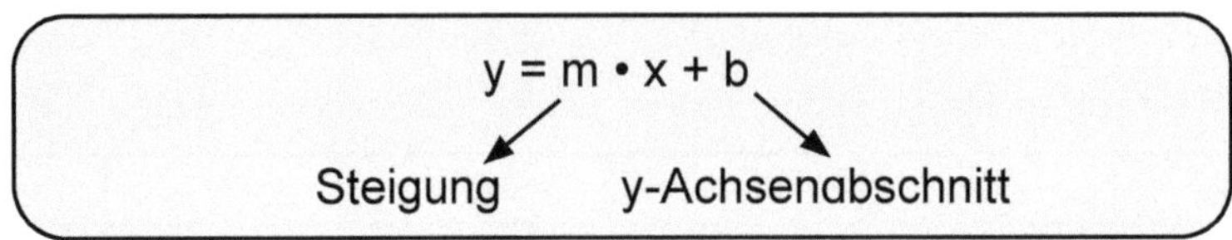

Zum Einzeichnen sollten wir die Steigung **m** als Bruch schreiben, denn der Bruch zeigt uns, wie wir im KOS „wandern". Am besten verstehen wir die einzelnen **Schritte anhand** einer Beispielaufgabe:

Beispiel: *Zeichne die Gerade g mit der Funktionsgleichung y = 2x - 3 in ein KOS.*

Lösung: **Schritt 1 = Steigung ändern**

Steigung m = 2 verwandeln wir in den Bruch $\frac{2}{1}$. Diesen Bruch können wir auch beliebig erweitern, denn je größer die Werte, desto größer wird das Steigungsdreieck und desto genauer wird unsere Zeichnung. Wir können also die $\frac{2}{1}$ auch als $\frac{4}{2}$ oder $\frac{6}{3}$ usw. schreiben.

Schritt 2 = Achsenabschnitt b auf der y-Achse markieren

Schritt 3 = Von b ausgehend das Steigungsdreieck „abwandern".

Dabei gehen wir die Angaben im Nenner nach rechts und dann die Angabe des Zählers nach...:

a) ...oben, falls die Steigung positiv ist oder
b) ...unten, falls die Steigung negativ ist.

Wenn wir am Ziel angelangt sind, markieren wir die Stelle.

Schritt 4 = Verbinden der beiden markierten Punkte

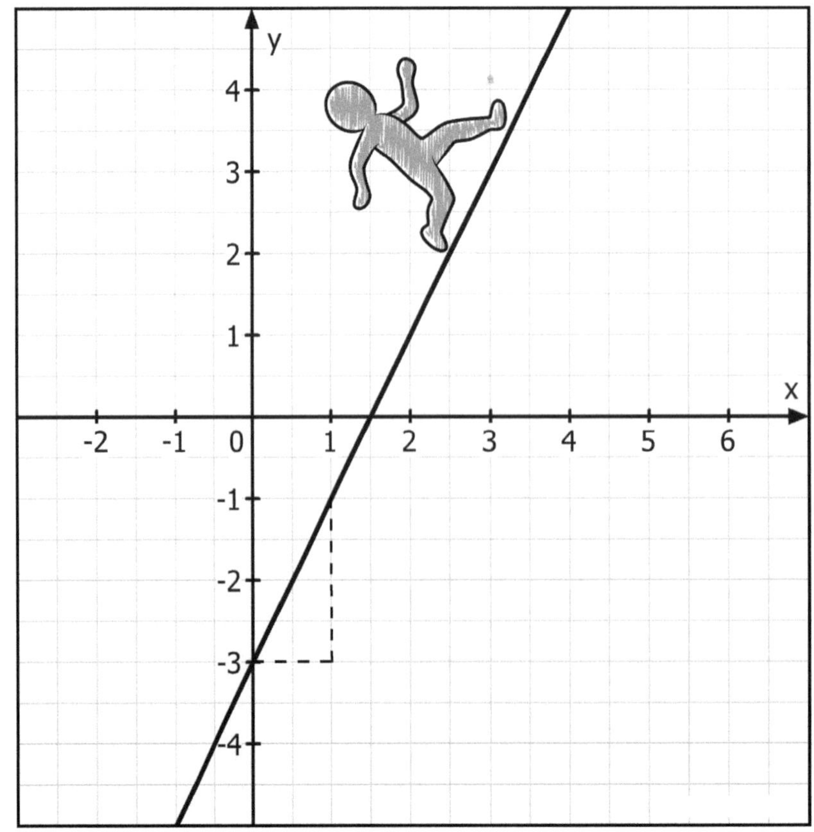

2. ... ich eine Gerade ohne Wertetabelle in ein KOS zeichnen möchte?

Aufgabe 1: *Zeichne die Geraden in das KOS. Achte auf die richtige Benennung der Geraden.*

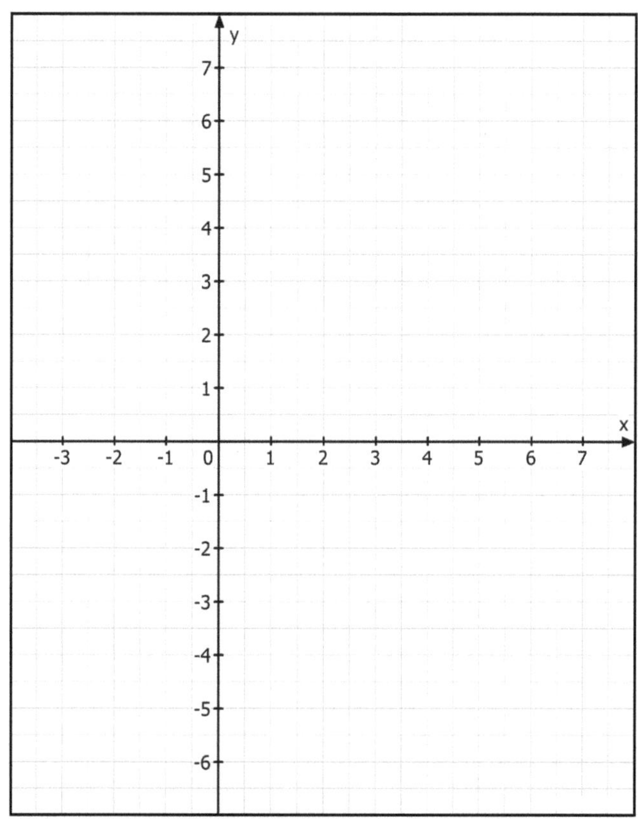

$f(x) = 2x - 3$
$g(x) = - 3x + 6$
$h(x) = \frac{1}{5}x - 6$
$i(x) = - \frac{2}{3}x + 3$

Aufgabe 2: *Nun wird es kniffliger. Zeichne auch diese Geraden in das KOS. Achte auf die richtige Benennung der Geraden.*

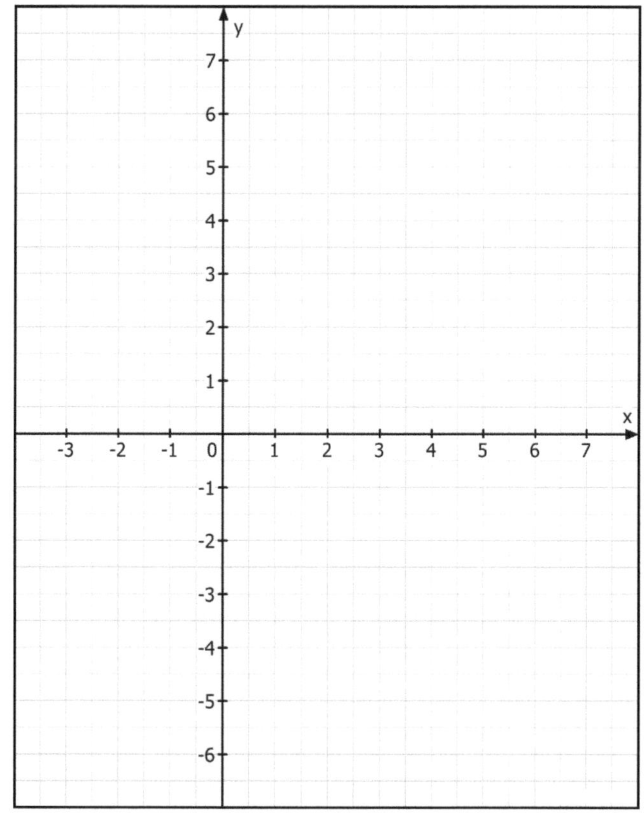

$f(x) = 0{,}375x - 1$
$g(x) = - 0{,}75x + 5$
$i(x) = 2{,}2x$
$j(x) = 0{,}4x - 5$

KOHL VERLAG Lernen mit Erfolg
Geraden & Parabeln
Was mache ich, wenn...? - Bestell-Nr. 12 220

2. … ich eine Gerade ohne Wertetabelle in ein KOS zeichnen möchte?

Aufgabe 1: *Zeichne die Geraden in das KOS. Achte auf die richtige Benennung der Geraden.*

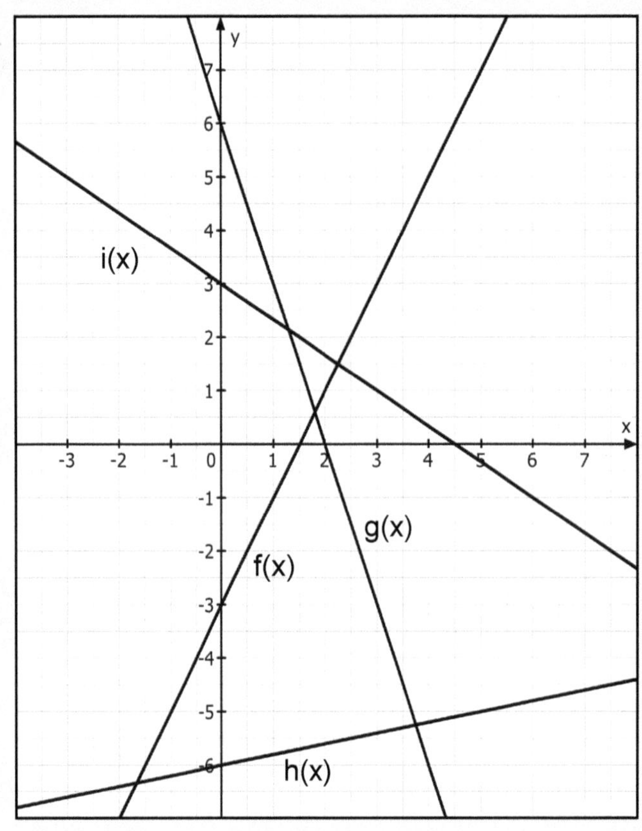

$f(x) = 2x - 3$
$g(x) = -3x + 6$
$h(x) = \frac{1}{5}x - 6$
$i(x) = -\frac{2}{3}x + 3$

Aufgabe 2: *Nun wird es kniffliger. Zeichne auch diese Geraden in das KOS. Achte auf die richtige Benennung der Geraden.*

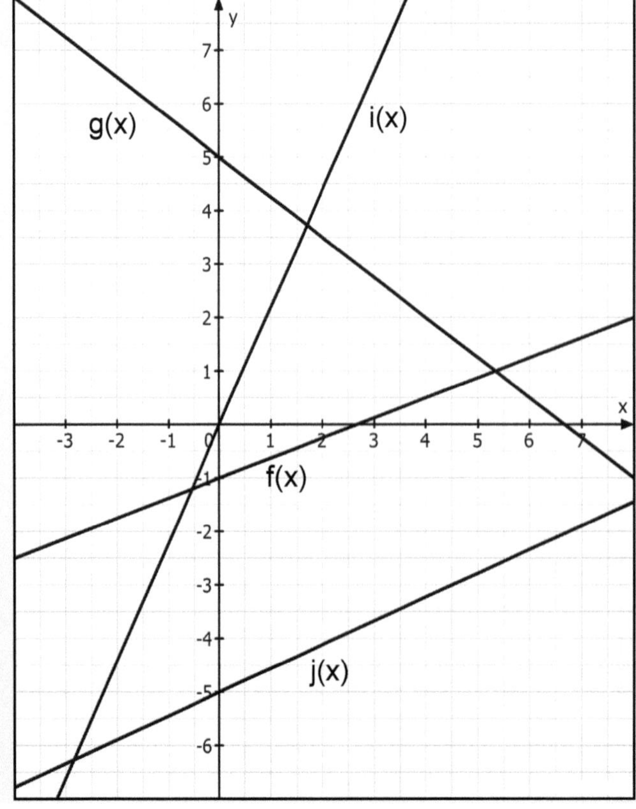

$f(x) = 0{,}375x - 1$
$g(x) = -0{,}75x + 5$
$i(x) = 2{,}2x$
$j(x) = 0{,}4x - 5$

KOHL VERLAG Geraden & Parabeln Was mache ich, wenn …? - Bestell-Nr. 12 220

3. ... ich die Gleichung einer Geraden aus einem Schaubild ablesen soll?

Das „Ablesen" der Funktionsgleichung funktioniert wie das Einzeichnen einer Funktionsgleichung. Auch hier schauen wir zuerst, an welcher Stelle die y-Achse durchschnitten wird. Diese Stelle ist unser **b**. Nun versuchen wir ein Steigungsdreieck an der Gerade sinnvoll anzulegen, sodass wir **m** bestimmen können. Dabei spielt es keine Rolle wie groß wir das Steigungsdreieck wählen. Wichtig ist nur, dass wir zwei exakte Punkte auf der Geraden finden. Der waagrechte und senkrechte Weg zwischen den beiden Punkten ist unsere Steigung **m**. Wenn wir nach unten wandern, dann müssen wir daran denken, dass wir der Steigung ein negatives Vorzeichen geben müssen.

Beispiel: *Bestimme die Funktionsgleichung der Geraden. Entnimm die nötigen Angaben der Zeichnung.*

Lösung: **Schritt 1:** Ich lese die Stelle ab, an der die y-Achse durchschnitten wird. Sollte es keinen Schnittpunkt im Ausschnitt geben, dann können wir die Funktionsgleichung auch nicht ablesen. In diesem Fall muss die Geradengleichung errechnet werden (siehe Punkt 8).

Schritt 2: Ich verfolge den Verlauf der Geraden um einen zweiten Punkt zu finden, der auf der Geraden liegt. Zur Bestimmung zeichne ich das Steigungsdreieck ein. Nun muss ich nur noch die Schritte zählen, die ich horizontal nach rechts gehen muss (Nenner) und die Schritte, die ich vertikal gehe (Zähler). Hierbei auf das Vorzeichen achten.

Schritt 3: Die beiden Werte **b** und **m** in die Formel y = mx + b einsetzen.

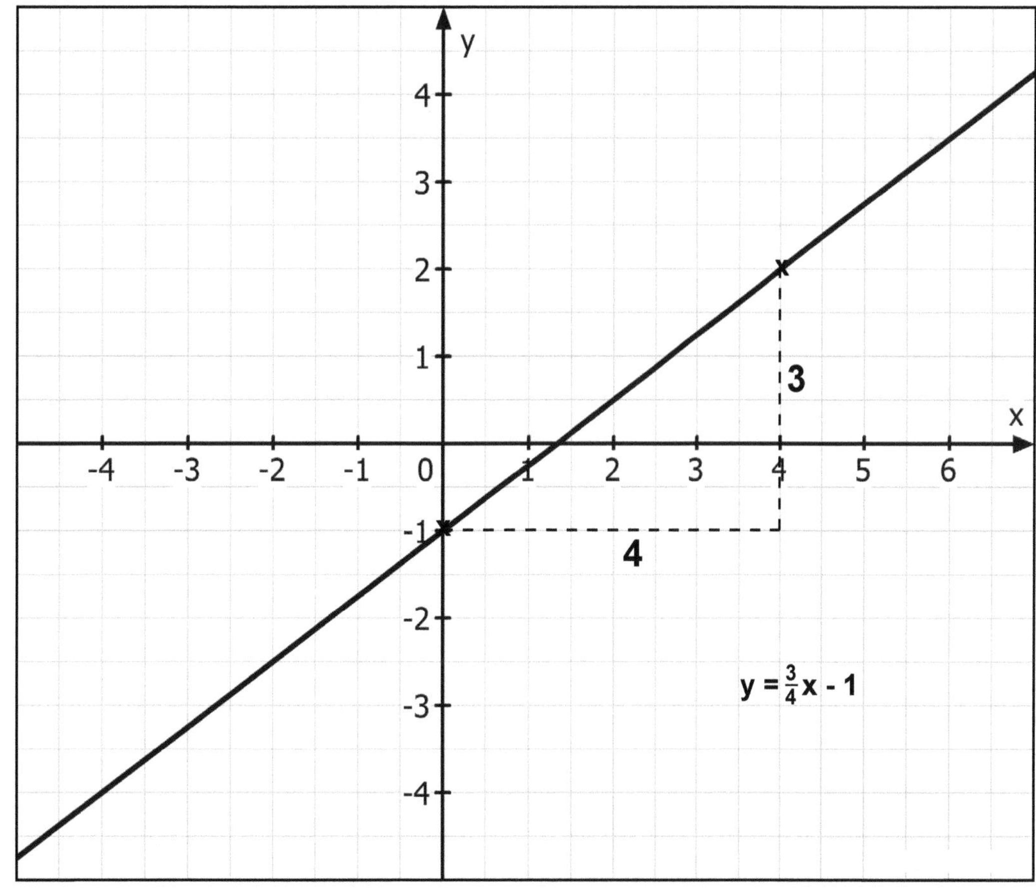

KOHL VERLAG Geraden & Parabeln *Was mache ich, wenn...?* - Bestell-Nr. 12 220

3. ... ich die Gleichung einer Geraden aus einem Schaubild ablesen soll?

Aufgabe 1: *Wie lauten die Funktionsgleichungen der eingezeichneten linearen Funktionen?*

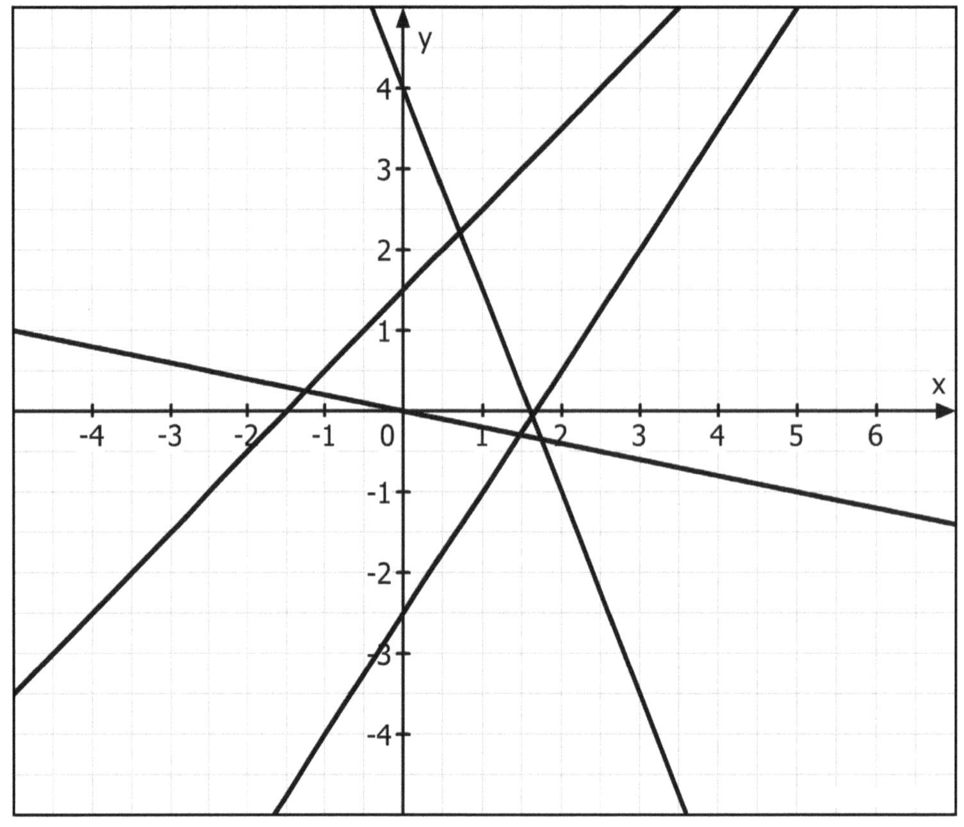

Aufgabe 2: *Und nun etwas schwerer. Bestimme auch hier die Funktionsgleichungen.*

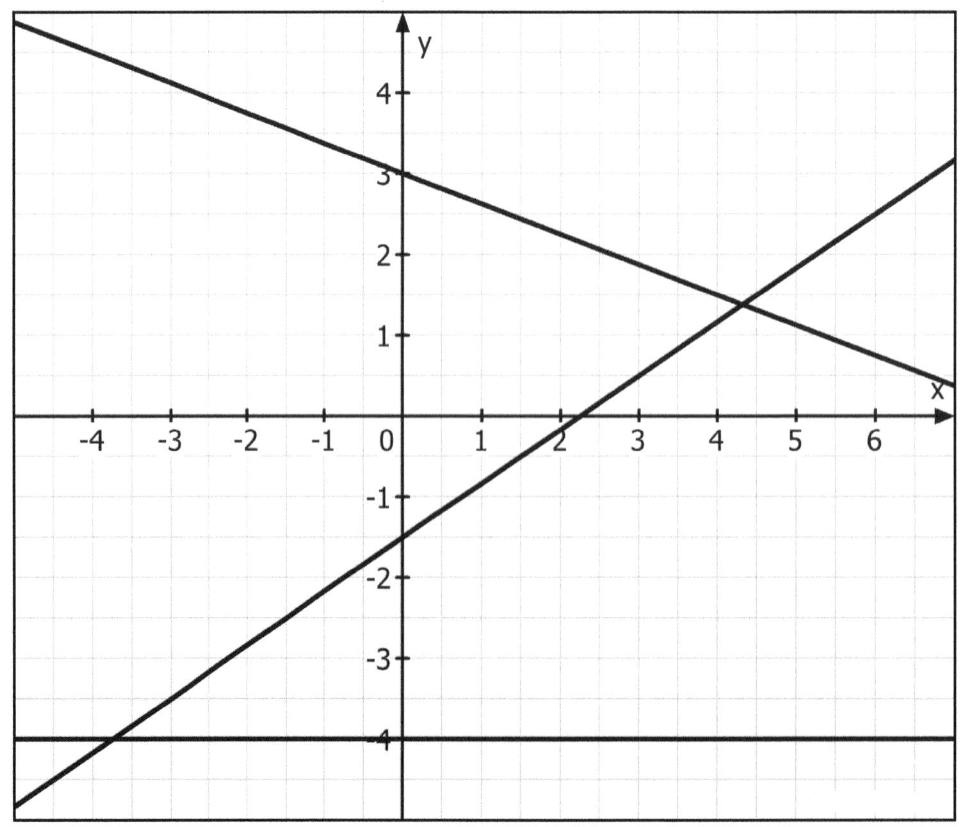

3. … ich die Gleichung einer Geraden aus einem Schaubild ablesen soll?

Aufgabe 1: *Wie lauten die Funktionsgleichungen der eingezeichneten linearen Funktionen?*

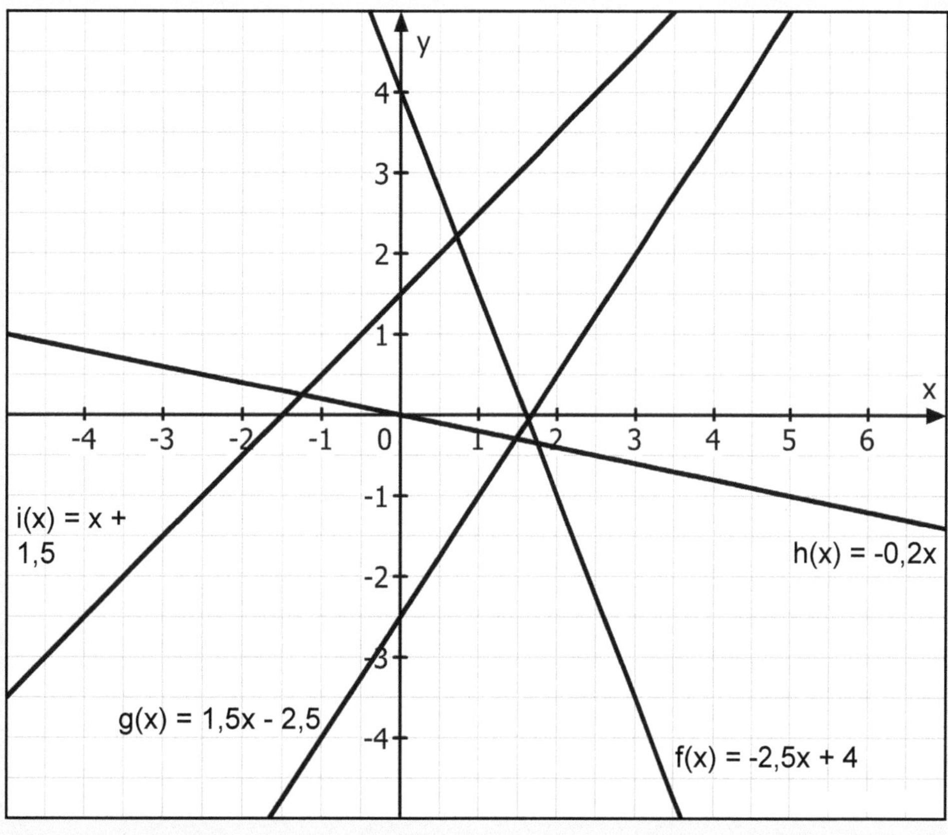

Aufgabe 2: *Und nun etwas schwerer. Bestimme auch hier die Funktionsgleichungen.*

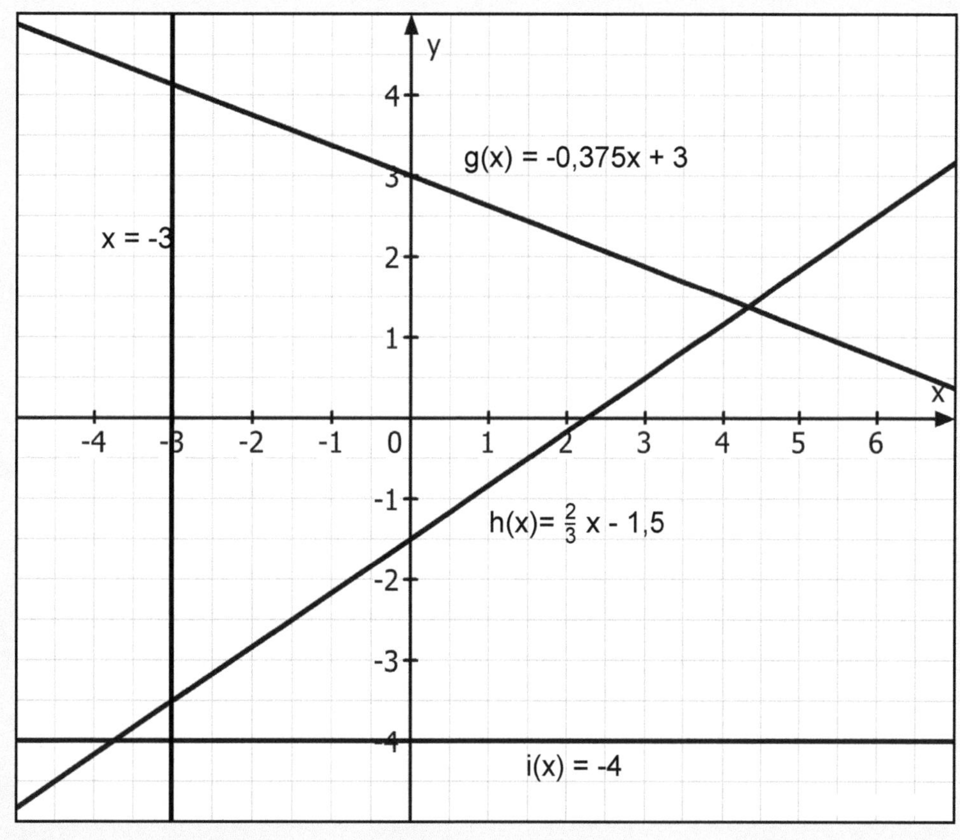

KOHL VERLAG Geraden & Parabeln Was mache ich, wenn...? - Bestell-Nr. 12 220

4. ... ich die Funktionsgleichung einer Geraden aus einem bekannten Punkt A(x/y) und der Steigung m bestimmen möchte?

Häufig wird verlangt, dass man die Funktionsgleichung einer Geraden angibt, deren Steigung **m** bekannt ist und von der man weiß, dass sie einen definierten Punkt durchquert.

Beispiel: *Eine Gerade mit der Steigung m = 2 geht durch den Punkt P(3/9). Wie lautet die Funktionsgleichung?*

Lösung: Wir setzen die gegebenen Werte an die entsprechende Stelle in der Funktionsgleichung ein und lösen nach b auf:

geg: P (3/9) m = **2**

$y = mx + b$
$9 = 2 \cdot 3 + b$
$9 = 6 + b \quad |-6$
$\mathbf{3} = b$

⇨ Die Funktionsgleichung lautet: **y = 2x + 3**

Aufgabe 1: *Die Gerade g hat die Steigung m = 1,5 und geht durch den Punkt A(-4,5/-3,75). Wie lautet die Funktionsgleichung?*

Aufgabe 2: *Die Gerade h hat die Steigung $m = -\frac{3}{8}$ und geht durch den Punkt A(8/-1). Wie lautet die Funktionsgleichung?*

Aufgabe 3: *Denke dir drei beliebige Kombinationen aus für die Steigung m und einen Punkt. Übe den Ablauf. Überprüfe durch eine Zeichnung.*

KOHL VERLAG Geraden & Parabeln Was mache ich, wenn...? - Bestell-Nr. 12 220

4. … ich die Funktionsgleichung einer Geraden aus einem bekannten Punkt A(x/y) und der Steigung m bestimmen möchte?

Häufig wird verlangt, dass man die Funktionsgleichung einer Geraden angibt, deren Steigung **m** bekannt ist und von der man weiß, dass sie einen definierten Punkt durchquert.

Beispiel: *Eine Gerade mit der Steigung m = 2 geht durch den Punkt P(3/9). Wie lautet die Funktionsgleichung?*

Lösung: Wir setzen die gegebenen Werte an die entsprechende Stelle in der Funktionsgleichung ein und lösen nach b auf:

geg: P (3/9) m = **2**

$$y = mx + b$$
$$9 = 2 \cdot 3 + b$$
$$9 = 6 + b \qquad |-6$$
$$3 = b$$

⇨ Die Funktionsgleichung lautet: **y = 2x + 3**

Aufgabe 1: *Die Gerade g hat die Steigung m = 1,5 und geht durch den Punkt A(-4,5/-3,75). Wie lautet die Funktionsgleichung?*

$$y = mx + b$$
$$-3{,}75 = 1{,}5 \cdot (-4{,}5) + b$$
$$-3{,}75 = -6{,}75 + b \qquad |+6{,}75$$
$$3 = b$$

⇨ Die Funktionsgleichung lautet: **y = 1,5x + 3**

Aufgabe 2: *Die Gerade h hat die Steigung m = $-\frac{3}{8}$ und geht durch den Punkt A(8/-1). Wie lautet die Funktionsgleichung?*

$$y = mx + b$$
$$-1 = (-\tfrac{3}{8}) \cdot 8 + b$$
$$-1 = -3 + b \qquad |+3$$
$$2 = b$$

⇨ Die Funktionsgleichung lautet: **y =($-\frac{3}{8}$)x + 2**

Aufgabe 3: *Denke dir drei beliebige Kombinationen aus für die Steigung m und einen Punkt. Übe den Ablauf. Überprüfe durch eine Zeichnung.*

Individuelle Lösungen

KOHL VERLAG Geraden & Parabeln *Was mache ich, wenn…?* - Bestell-Nr. 12 220

5. ... ich die Funktionsgleichung einer Geraden aus einem bekannten Punkt A(x/y) und dem y-Achsenabschnitt b bestimmen möchte?

Gelegentlich wird verlangt, dass man die Funktionsgleichung einer Geraden angibt, dessen y-Achsenabschnitt **b** bekannt ist und von der man weiß, dass sie einen definierten Punkt durchquert.

Beispiel: *Eine Gerade mit b=(-3) geht durch den Punkt P(4/5). Wie lautet die Funktionsgleichung?*

Lösung: Wir setzen die gegebenen Werte an die entsprechende Stelle in der Funktionsgleichung ein und lösen nach m auf:

geg: P (4/5) b = **-3**

$y = mx + b$
$5 = m \cdot 4 - 3 \quad |+3$
$8 = m \cdot 4 \quad |:4$
$\mathbf{2} = m$

⇨ Die Funktionsgleichung lautet: **y = 2x - 3**

Aufgabe 1: *Die Gerade g mit b = 2 und geht durch den Punkt A(-3,5/0,25). Wie lautet die Funktionsgleichung?*

Aufgabe 2: *Die Gerade h geht durch die y-Achse am Punkt A(0/-4) und im weiteren Verlauf durch den Punkt A(6/2). Wie lautet die Funktionsgleichung?*

Aufgabe 3: *Denke dir drei beliebige Kombinationen aus für den y-Achsenabschnitt b und einen Punkt. Übe den Ablauf. Überprüfe durch eine Zeichnung.*

KOHL VERLAG Geraden & Parabeln Was mache ich wenn ...? - Bestell-Nr. 12 220

5. ... ich die Funktionsgleichung einer Geraden aus einem bekannten Punkt A(x/y) und dem y-Achsenabschnitt b bestimmen möchte?

Gelegentlich wird verlangt, dass man die Funktionsgleichung einer Geraden angibt, dessen y-Achsenabschnitt **b** bekannt ist und von der man weiß, dass sie einen definierten Punkt durchquert.

Beispiel: *Eine Gerade mit b=(-3) geht durch den Punkt P(4/5). Wie lautet die Funktionsgleichung?*

Lösung: Wir setzen die gegebenen Werte an die entsprechende Stelle in der Funktionsgleichung ein und lösen nach m auf:

geg: P (4/5) b = **- 3**

$$y = mx + b$$
$$5 = m \cdot 4 - 3 \quad |+3$$
$$8 = m \cdot 4 \quad |:4$$
$$\mathbf{2} = m$$

⇨ Die Funktionsgleichung lautet: **y = 2x - 3**

Aufgabe 1: *Die Gerade g mit b = 2 und geht durch den Punkt A(-3,5/0,25). Wie lautet die Funktionsgleichung?*

$$y = mx + b$$
$$0{,}25 = m \cdot (-3{,}5) + 2 \quad |-2$$
$$-1{,}75 = m \cdot (-3{,}5) \quad |:(-3{,}5)$$
$$\mathbf{0{,}5} = m$$

⇨ Die Funktionsgleichung lautet: **y = 0,5x + 2**

Aufgabe 2: *Die Gerade h geht durch die y-Achse am Punkt A(0/-4) und im weiteren Verlauf durch den Punkt A(6/2). Wie lautet die Funktionsgleichung?*

$$y = mx + b$$
$$2 = m \cdot 6 - 4 \quad |+4$$
$$6 = m \cdot 6 \quad |:6$$
$$\mathbf{1} = m$$

⇨ Die Funktionsgleichung lautet: **y = x - 4**

Aufgabe 3: *Denke dir drei beliebige Kombinationen aus für den y-Achsenabschnitt b und einen Punkt. Übe den Ablauf. Überprüfe durch eine Zeichnung.*

Individuelle Lösungen

KOHL VERLAG Geraden & Parabeln *Was mache ich, wenn...?* - Bestell-Nr. 12 220

6. ... ich mit Hilfe der Punktprobe...

a) ... die fehlende Koordinate eines Geradenpunktes berechnen möchte?

Wenn wir die genaue Lage eines Punktes auf einer Geraden angeben müssen, dann führen wir einfach die Punktprobe durch, denn ein Punkt auf einer Geraden muss die Geradengleichung erfüllen.

Beispiel: *Der Punkt A(5/y) liegt auf der Geraden f mit f(x) = 2x + 1. Bestimme die genaue Lage des Punktes A.*

Lösung: Wir setzen den x-Wert des Punktes A, nämlich x = 5 in die Gleichung der Geraden ein und bestimmen den Funktionswert y.

$f(x) = 2x + 1$
$f(5) = 2 \cdot 5 + 1$
$f(5) = 11$ ⇨ A(5/11)

Aufgabe: *Die Punkte A(4/y) und B(x/29) liegen auf der Geraden f mit f(x)= -3x + 5. Bestimme die genaue Lage der Punkte A und B.*

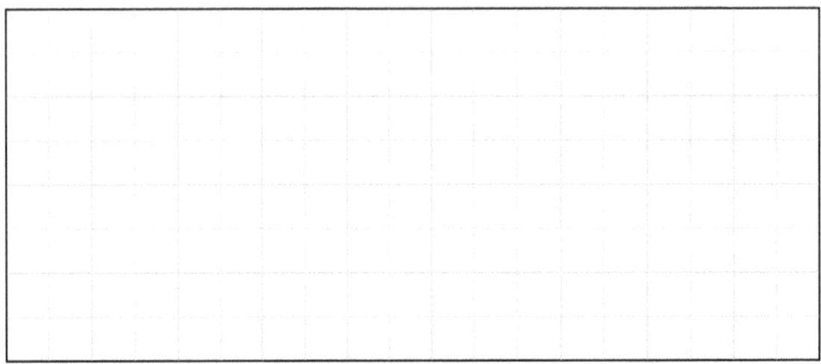

b) ... überprüfen soll, ob ein Punkt tatsächlich „auf der Geraden" liegt?

Beispiel: *Überprüfe, ob der Punkt A(4/9) auf der Geraden g mit g(x) = 2,5x - 1 liegt.*

Lösung: Wir setzen die Koordinaten des Punktes A, nämlich x = 4 und y = 9 in die Funktionsgleichung der Geraden ein und vergleichen.

$f(x) = 2{,}5x - 1$
$9 = 2{,}5 \cdot 4 - 1$
$9 = 9$ ✓

Aufgabe: *Welcher der beiden Punkte A(3/-2,25) und B(-4/-2) liegt auf der Geraden h mit h(x)= 0,25x - 3. Überprüfe mit Hilfe der Punktprobe.*

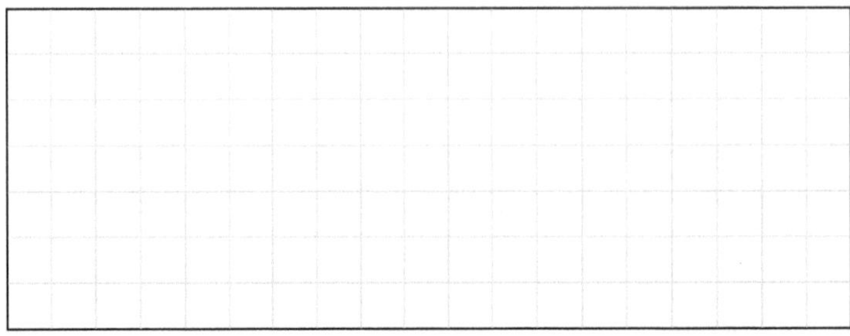

6. … ich mit Hilfe der Punktprobe…

a) … die fehlende Koordinate eines Geradenpunktes berechnen möchte?

Wenn wir die genaue Lage eines Punktes auf einer Geraden angeben müssen, dann führen wir einfach die Punktprobe durch, denn ein Punkt auf einer Geraden muss die Geradengleichung erfüllen.

Beispiel: *Der Punkt A(5/y) liegt auf der Geraden f mit f(x) = 2x + 1. Bestimme die genaue Lage des Punktes A.*

Lösung: Wir setzen den x-Wert des Punktes A, nämlich x = 5 in die Gleichung der Geraden ein und bestimmen den Funktionswert y.

$f(x) = 2x + 1$
$f(5) = 2 \cdot 5 + 1$
$f(5) = 11$ ⇨ A(5/11)

Aufgabe: *Die Punkte A(4/y) und B(x/29) liegen auf der Geraden f mit f(x)= -3x + 5. Bestimme die genaue Lage der Punkte A und B.*

A(4/y)	B(x/29)	
$f(x) = -3x + 5$	$f(x) = -3x + 5$	
$f(4) = -3 \cdot 4 + 5$	$29 = -3x + 5$	|-5
$f(4) = -7$	$24 = -3x$	|:(-3)
⇨ A(4/-7)	$-8 = x$	
	⇨ B(-8/29)	

b) … überprüfen soll, ob ein Punkt tatsächlich „auf der Geraden" liegt?

Beispiel: *Überprüfe, ob der Punkt A(4/9) auf der Geraden g mit g(x) = 2,5x - 1 liegt.*

Lösung: Wir setzen die Koordinaten des Punktes A, nämlich x = 4 und y = 9 in die Funktionsgleichung der Geraden ein und vergleichen.

$f(x) = 2{,}5x - 1$
$9 = 2{,}5 \cdot 4 - 1$
$9 = 9$ ✓

Aufgabe: *Welcher der beiden Punkte A(3/-2,25) und B(-4/-2) liegt auf der Geraden h mit h(x)= 0,25x - 3. Überprüfe mit Hilfe der Punktprobe.*

$f(x) = 0{,}25x - 3$	$f(x) = 0{,}25x - 3$
$-2{,}25 = 0{,}25 \cdot 3 - 3$	$-2 = 0{,}25 \cdot (-4) - 3$
$-2{,}25 = -2{,}25$ ↯	$-2 = -4$ ✓

Antwort: Der Punkt A liegt auf der Geraden h, der Punkt B nicht.

KOHL VERLAG Geraden & Parabeln *Was mache ich, wenn…?* - Bestell-Nr. 12 220

7. ... ich die Schnittpunkte mit den Koordinatenachsen berechnen möchte?

Eine Gerade, die eine Steigung **m** aufweist, schneidet beide Achsen in Punkten, die wir berechnen können. Wir müssen uns nur verdeutlichen, wie sich die Koordinaten der Schnittpunkte verhalten. So beträgt der y-Wert an der Schnittstelle mit der x-Achse (Nullstelle) stets den Wert Null (= 0). Gleichzeitig beträgt der x-Wert an der Schnittstelle mit der y-Achse Null (= 0). Das heißt, dass wir jeweils eine Koordinate des Achsenschnittpunktes kennen und somit in die Gleichung einsetzen können.

Beispiel: *Berechne die Achsenschnittpunkte der Geraden f mit f(x) = -2x + 5.*

Lösung: Zur Berechnung der Nullstelle (S_x = Schnittpunkt mit der x-Achse) setzen wir die Gleichung gleich Null. Zur Berechnung des Schnittpunktes mit der y-Achse (S_y = eigentlich unser y-Achsenabschnitt b) setzen wir x = 0, also f(0). Wichtig dabei ist es, die Ergebnisse als Punkt anzugeben, denn danach wird ja gefragt.

S_x => Nullstelle
f(x) = -2x + 5
0 = -2x + 5 | +2x
2x = 5 | :2
x = 2,5
N(2,5/0)

S_y => Achsenabschnitt b
f(x) = -2x + 5
f(0) = -2 • 0 + 5
f(0) = 5

S_y(0/5)

Aufgabe: *Berechne die Koordinaten der Achsenschnittpunkte der Geraden.*
Zeichne die Geraden nun in das KOS und überprüfe deine Ergebnisse.

d) f(x) = -1,5x + 3
e) g(x) = 2,25x - 9
f) h(x) = $\frac{3}{4}$x + 3,75

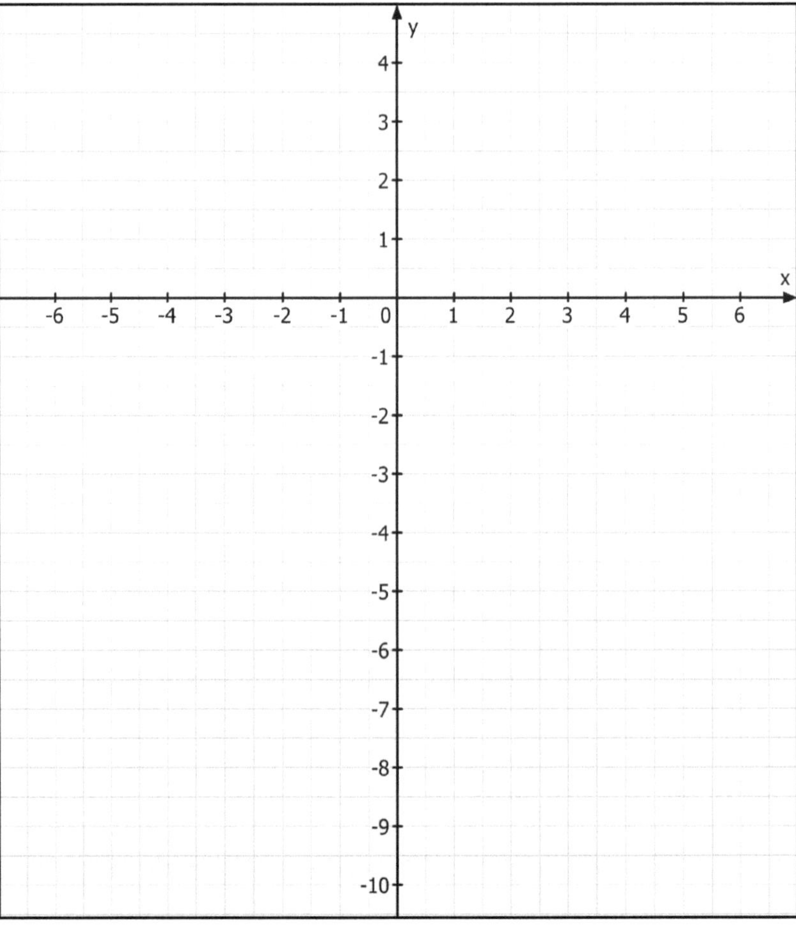

7. … ich die Schnittpunkte mit den Koordinatenachsen berechnen möchte?

Eine Gerade, die eine Steigung m aufweist, schneidet beide Achsen in Punkten, die wir berechnen können. Wir müssen uns nur verdeutlichen, wie sich die Koordinaten der Schnittpunkte verhalten. So beträgt der y-Wert an der Schnittstelle mit der x-Achse (Nullstelle) stets den Wert Null (= 0). Gleichzeitig beträgt der x-Wert an der Schnittstelle mit der y-Achse Null (= 0). Das heißt, dass wir jeweils eine Koordinate des Achsenschnittpunktes kennen und somit in die Gleichung einsetzen können.

Beispiel: *Berechne die Achsenschnittpunkte der Geraden f mit f(x) = -2x + 5.*

Lösung: Zur Berechnung der Nullstelle (S_x = Schnittpunkt mit der x-Achse) setzen wir die Gleichung gleich Null. Zur Berechnung des Schnittpunktes mit der y-Achse (S_y = eigentlich unser y-Achsenabschnitt b) setzen wir x = 0, also f(0). Wichtig dabei ist es, die Ergebnisse als Punkt anzugeben, denn danach wird ja gefragt.

S_x => Nullstelle
$f(x) = -2x + 5$
$0 = -2x + 5 \quad | +2x$
$2x = 5 \quad | :2$
$x = 2{,}5$
N(2,5/0)

S_y => Achsenabschnitt b
$f(x) = -2x + 5$
$f(0) = -2 \cdot 0 + 5$
$f(0) = 5$

$S_y(0/5)$

Aufgabe: *Berechne die Koordinaten der Achsenschnittpunkte der Geraden.*
Zeichne die Geraden nun in das KOS und überprüfe deine Ergebnisse.

d) $f(x) = -1{,}5x + 3$
e) $g(x) = 2{,}25x - 9$
f) $h(x) = \frac{3}{4}x + 3{,}75$

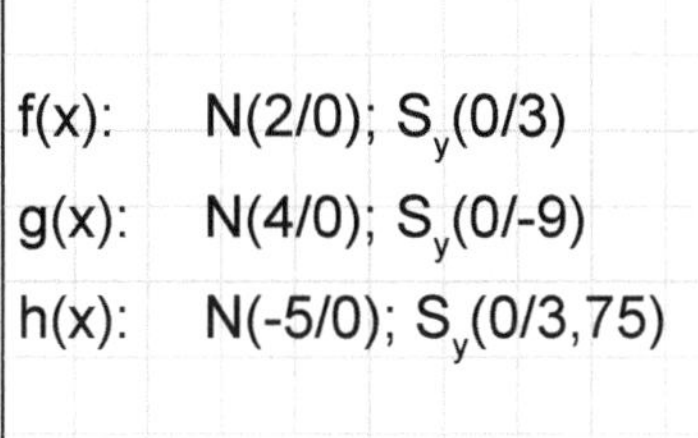
f(x): N(2/0); $S_y(0/3)$
g(x): N(4/0); $S_y(0/-9)$
h(x): N(-5/0); $S_y(0/3{,}75)$

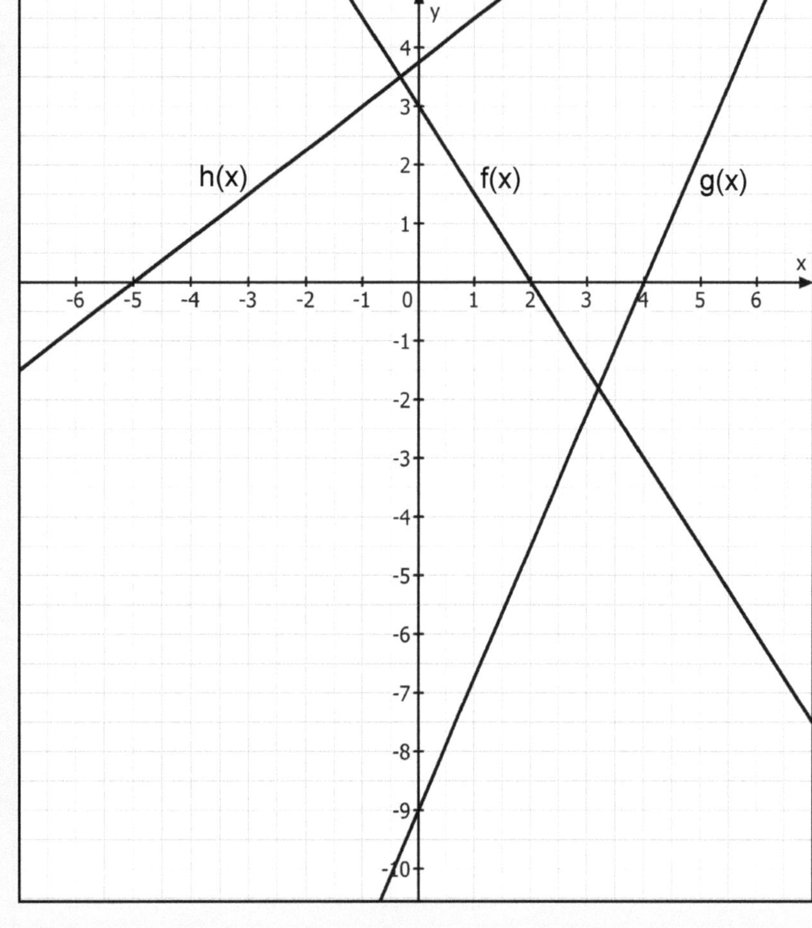

8. ... ich die Funktionsgleichung einer Geraden bestimmen möchte, von der ich lediglich zwei Punkte A(x/y) und B(x/y) kenne?

Möglichkeit 1: LGS

Zur Bestimmung der Funktionsgleichung einer Geraden, von der zwei Punkte bekannt sind, lässt sich ein lineares Gleichungssystem (LGS) aufstellen.

Beispiel: *Eine Gerade g geht durch die Punkte A(2/5) und B(6/-3). Bestimme die Funktionsgleichung.*

Lösung: Wir nehmen unseren „Geraden-Dummy" der Form f(x) = mx + b und setzen beide Punkte ein. Somit erhalten wir zwei Gleichungen. Diese formen wir um und lösen das Gleichungssystem über eines der bekannten Verfahren (Additions-, Gleichsetzungs- oder Einsetzungsverfahren).

Hier wird gleichgesetzt:

(I) f(x) = mx + b
5 = 2 • m + b |-2m
5 - 2m = b

(II) f(x) = mx + b
-3 = 6 • m + b |-6m
-3 - 6m = b

gleichsetzen: 5 - 2m = (-3) - 6m |+6m |-5
4m = (-8) |:4
m = (-2)

einsetzen: 5 = 2 • (-2) + b |+4
9 = b

daraus folgt:
Die Funktionsgleichung lautet: **y = -2x + 9**

Hier wird eingesetzt:

(I) f(x) = mx + b
5 = 2 • m + b |-2m
5 - 2m = b

b eingesetzt in (II): -3 = 6 • m + b | für b wird (5 - 2m) eingesetzt
-3 = 6 • m + (5 - 2m)
-3 = 4 • m + 5 | -5
-8 = 4 • m |:4
(-2) = m

einsetzen: 5 = 2 • (-2) + b |+4
9 = b

daraus folgt:
Die Funktionsgleichung lautet: **y = -2x + 9**

Hier wird addiert:

(I) f(x) = mx + b
5 = 2 • m + b |• (-1)
-5 = (-2 • m) - b

(II) f(x) = mx + b
-3 = 6 • m + b

(I+II) -5 = (-2 • m) - b
-3 = 6 • m + b
-8 = 4 • m |:4
-2 = m

einsetzen: 5 = 2 • (-2) + b |+4
9 = b

daraus folgt:
Die Funktionsgleichung lautet: **y = -2x + 9**

Aufgabe: *Bestimme die Funktionsgleichung der Geraden g, die durch die Punkte E(3/6) und F(-2/-9) geht. Überprüfe dein Ergebnis, indem du die Punkte in das KOS einzeichnest, verbindest und die Funktionsgleichung abliest.*

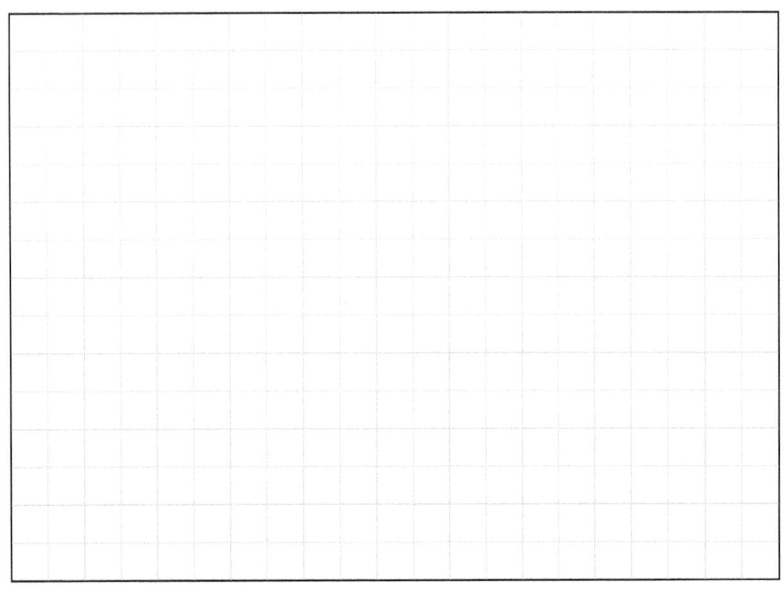

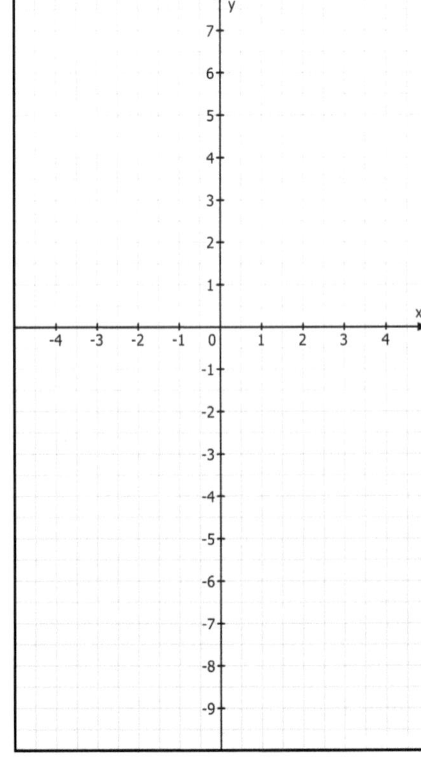

8. ... ich die Funktionsgleichung einer Geraden bestimmen möchte, von der ich lediglich zwei Punkte A(x/y) und B(x/y) kenne?

Möglichkeit 1: LGS

Zur Bestimmung der Funktionsgleichung einer Geraden, von der zwei Punkte bekannt sind, lässt sich ein lineares Gleichungssystem (LGS) aufstellen.

Beispiel: *Eine Gerade g geht durch die Punkte A(2/5) und B(6/-3). Bestimme die Funktionsgleichung.*

Lösung: Wir nehmen unseren „Geraden-Dummy" der Form f(x) = mx + b und setzen beide Punkte ein. Somit erhalten wir zwei Gleichungen. Diese formen wir um und lösen das Gleichungssystem über eines der bekannten Verfahren (Additions-, Gleichsetzungs- oder Einsetzungsverfahren). In diesem Beispiel wird gleichgesetzt:

(I) $f(x) = mx + b$
$5 = 2 \cdot m + b$ |-2m
$5 - 2m = b$

(II) $f(x) = mx + b$
$-3 = 6 \cdot m + b$ |-6m
$-3 - 6m = b$

gleichsetzen:
$5 - 2m = (-3) - 6m$ |+6m |-5
$4m = (-8)$ |:4
$\mathbf{m = (-2)}$

einsetzen:
$5 = 2 \cdot (-2) + b$ |+4
$\mathbf{9 = b}$

daraus folgt: Die Funktionsgleichung lautet: $\mathbf{y = -2x + 9}$

Tipp: Der Wert für **b** lässt sich mit beiden gegebenen Punkten berechnen.

Aufgabe: *Bestimme die Funktionsgleichung der Geraden g, die durch die Punkte E(3/6) und F(-2/-9) geht. Überprüfe dein Ergebnis, indem du die Punkte in das KOS einzeichnest, verbindest und die Funktionsgleichung abliest.*

(I) $f(x) = mx + b$
$6 = 3 \cdot m + b$ |-3m
$6 - 3m = b$

(II) $f(x) = mx + b$
$-9 = (-2) \cdot m + b$ |+2m
$-9 + 2m = b$

gleichsetzen:
$6 - 3m = (-9) + 2m$ |+3m |+9
$15 = 5m$ |:5
$\mathbf{3 = m}$

einsetzen:
$6 = 3 \cdot 3 + b$ |-9
$\mathbf{-3 = b}$

daraus folgt: Die Funktionsgleichung lautet: $\mathbf{y = 3x - 3}$

Hinweis: Natürlich könnte man b auch mit Hilfe des Punktes F berechnen.

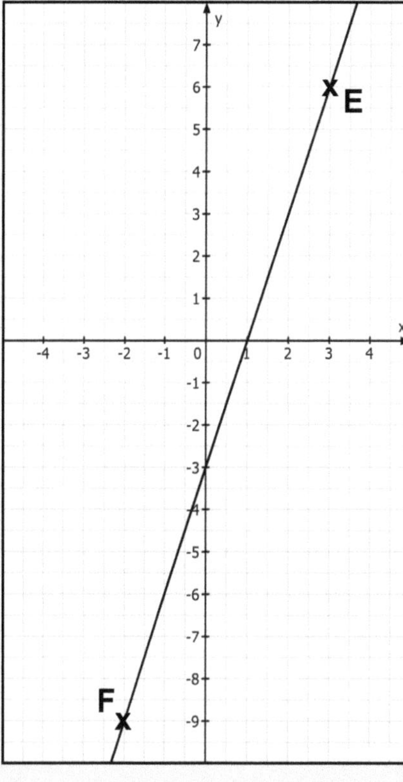

KOHL VERLAG Geraden & Parabeln Was mache ich, wenn...? - Bestell-Nr. 12 220

8. ... ich die Funktionsgleichung einer Geraden bestimmen möchte, von der ich lediglich zwei Punkte A(x/y) und B(x/y) kenne?

Möglichkeit 2: Punkt-Steigungs-Form

Zur Bestimmung der Funktionsgleichung einer Geraden, von der zwei Punkte bekannt sind, eignet sich die Punkt-Steigungs-Form.

<u>Beispiel</u>: *Eine Gerade g geht durch die Punkte A(2/5) und B(6/-3). Bestimme die Funktionsgleichung.*

Lösung: Wir nehmen die Punkt-Steigungs-Form und setzen die Koordinaten der beiden Punkte ein. Dabei muss man auf die richtigen Vorzeichen achten. Nach der Berechnung der Steigung **m** setzen wir **m** und <u>einen der beiden Punkte</u> in die Form f(x) = mx + b ein.

Punkt-Steigungs-Form: $m = \frac{y_1 - y_2}{x_1 - x_2}$

$m = \frac{5 - (-3)}{2 - 6}$

$m = \frac{8}{-4}$ $\quad$ m = (-2)

m = (-2) $\quad$ A (2/5)

y = mx + b
5 = (-2) • 2 + b
5 = -4 + b $\quad$ |+4
9 = b

Daraus folgt: Die Funktionsgleichung lautet: **y = -2x + 9**

<u>Aufgabe</u>: *Bestimme die Funktionsgleichung der Geraden g, die durch die Punkte E(-4/2) und F(6/-3) geht. Überprüfe dein Ergebnis, indem du die Punkte in das KOS einzeichnest, verbindest und die Funktionsgleichung abliest.*

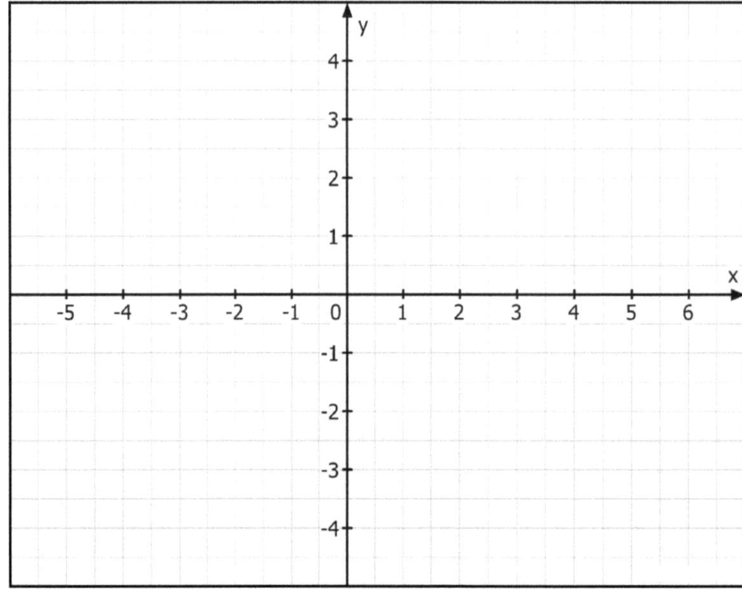

8. … ich die Funktionsgleichung einer Geraden bestimmen möchte, von der ich lediglich zwei Punkte A(x/y) und B(x/y) kenne?

Möglichkeit 2: Punkt-Steigungs-Form

Zur Bestimmung der Funktionsgleichung einer Geraden, von der zwei Punkte bekannt sind, eignet sich die Punkt-Steigungs-Form.

Beispiel: *Eine Gerade g geht durch die Punkte A(2/5) und B(6/-3). Bestimme die Funktionsgleichung.*

Lösung: Wir nehmen die Punkt-Steigungs-Form und setzen die Koordinaten der beiden Punkte ein. Dabei muss man auf die richtigen Vorzeichen achten. Nach der Berechnung der Steigung **m** setzen wir **m** und einen der beiden Punkte in die Form f(x) = mx + b ein.

Punkt-Steigungs-Form: $m = \frac{y_1 - y_2}{x_1 - x_2}$

$m = \frac{5 - (-3)}{2 - 6}$

$m = \frac{8}{-4}$ $\quad$ m = (-2)

m = (-2) $\quad$ A (2/5)

y = mx + b
5 = (-2) • 2 + b
5 = -4 + b $\quad$ |+4
9 = b

Daraus folgt: Die Funktionsgleichung lautet: **y = -2x + 9**

Aufgabe: *Bestimme die Funktionsgleichung der Geraden g, die durch die Punkte E(-4/2) und F(6/-3) geht. Überprüfe dein Ergebnis, indem du die Punkte in das KOS einzeichnest, verbindest und die Funktionsgleichung abliest.*

$m = \frac{(-3) - 2}{6 - (-4)}$

$m = \frac{(-5)}{10}$ $\quad$ **m = (-0,5)**

Einsetzen:
2 = (-0,5) • (-4) + b
2 = 2 + b $\quad$ |-2
0 = b

Daraus folgt: Die Funktionsgleichung lautet: **y = -0,5x**

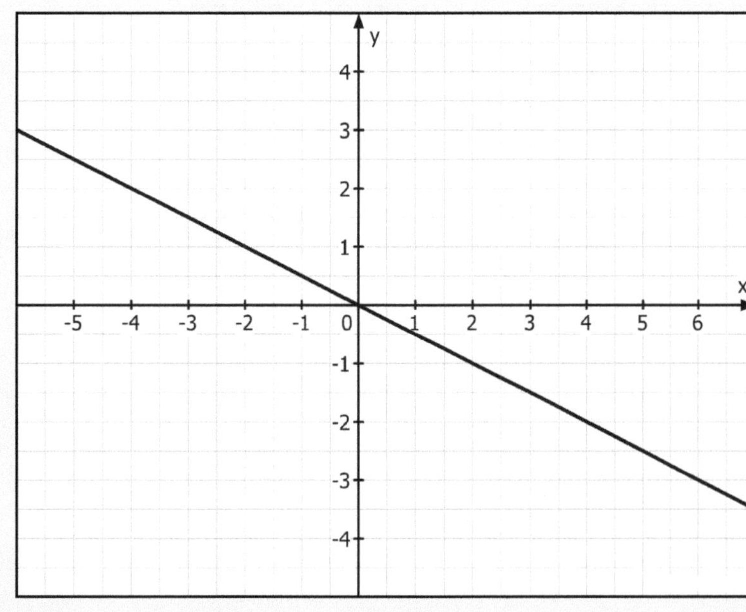

9. ... ich den Schnittpunkt zweier Geraden bestimmen möchte?

Um den Schnittpunkt zweier Geraden bestimmen zu können, ohne eine Zeichnung anfertigen zu müssen, setzen wir einfach die Funktionsgleichungen der beiden Geraden gleich. Wir lösen also ein lineares Gleichungssystem. Dabei dürfen wir nicht vergessen, dass wir am Ende unserer Rechnung den Schnittpunkt angeben müssen!

Beispiel: *Eine Gerade g mit der Gleichung* $g(x) = -\frac{1}{3}x + 3$ *und die Gerade h mit* $h(x) = 2x - 4$ *schneiden sich. Bestimme die genaue Lage des Schnittpunktes. In welchem Quadranten liegt der Schnittpunkt?*

Lösung: Wir setzen die beiden Funktionsgleichungen gleich und lösen das lineare Gleichungssystem. Die Quadranten sind gegen den Uhrzeigersinn mit I bis IV nummeriert.

gleichsetzen:

$$-\tfrac{1}{3}x + 3 = 2x - 4 \quad |+4$$
$$-\tfrac{1}{3}x + 7 = 2x \quad |+\tfrac{1}{3}x$$
$$7 = \tfrac{7}{3}x \quad |:\tfrac{7}{3}$$
$$3 = x$$

x einsetzen in eine der beiden Geradengleichungen:

$$h(x) = 2x - 4$$
$$h(3) = 2 \cdot 3 - 4$$
$$h(3) = 2$$

Der Schnittpunkt der Geraden g und h liegt bei S(3/2) und somit im I. Quadranten.

Aufgabe: *Gegeben sind die Geraden* $f(x) = x - 3$ *und* $g(x) = -0{,}75x + 4$ *sowie die Geraden* $h(x) = -x - 2{,}5$ *und* $i(x) = 2x + 5$*. Berechne den Schnittpunkt der Gerade f mit g, sowie den Schnittpunkt der Gerade h mit i. Überprüfe deine Rechnung mit Hilfe einer geeigneten Zeichnung.*

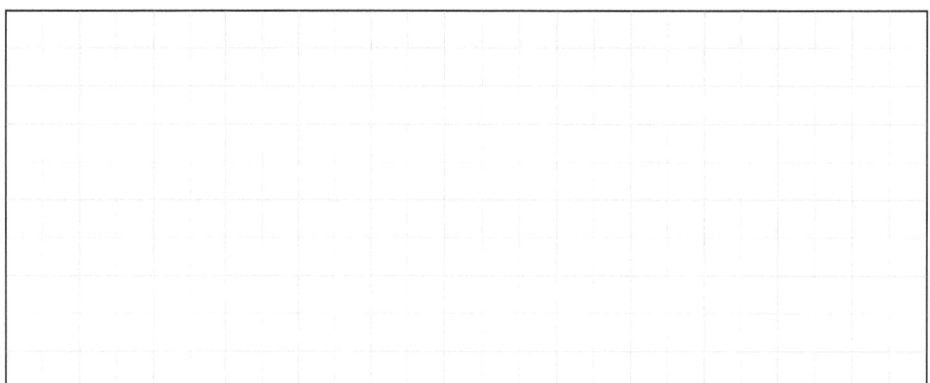

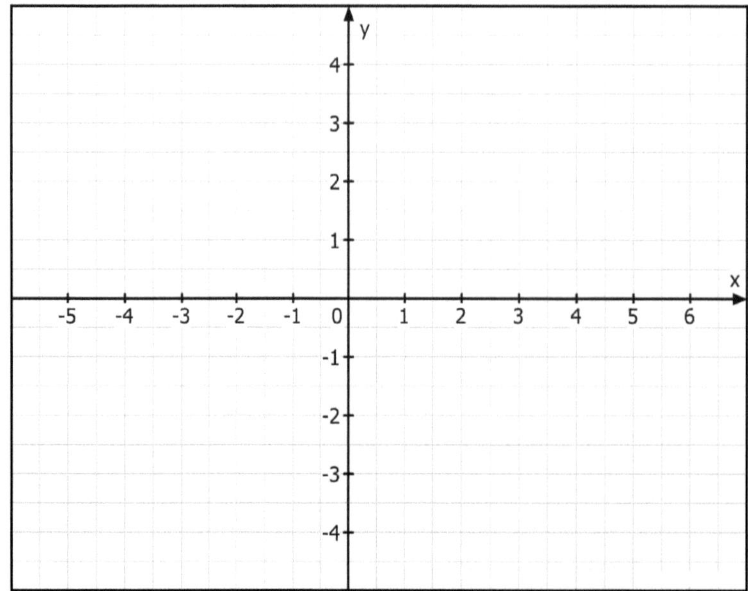

9. … ich den Schnittpunkt zweier Geraden bestimmen möchte?

Um den Schnittpunkt zweier Geraden bestimmen zu können, ohne eine Zeichnung anfertigen zu müssen, setzen wir einfach die Funktionsgleichungen der beiden Geraden gleich. Wir lösen also ein lineares Gleichungssystem. Dabei dürfen wir nicht vergessen, dass wir am Ende unserer Rechnung den Schnittpunkt angeben müssen!

Beispiel: *Eine Gerade g mit der Gleichung $g(x) = -\frac{1}{3}x + 3$ und die Gerade h mit $h(x) = 2x - 4$ schneiden sich. Bestimme die genaue Lage des Schnittpunktes. In welchem Quadranten liegt der Schnittpunkt?*

Lösung: Wir setzen die beiden Funktionsgleichungen gleich und lösen das lineare Gleichungssystem. Die Quadranten gegen den Uhrzeigersinn mit I bis IV nummeriert.

gleichsetzen:

$-\frac{1}{3}x + 3 = 2x - 4 \quad |+4$

$-\frac{1}{3}x + 7 = 2x \quad |+\frac{1}{3}x$

$7 = \frac{7}{3}x \quad |:\frac{7}{3}$

$3 = x$

x einsetzen in eine der beiden Geradengleichungen:

$h(x) = 2x - 4$

$h(3) = 2 \cdot 3 - 4$

$h(3) = 2$

Der Schnittpunkt der Geraden g und h liegt bei S(3/2) und somit im I. Quadranten.

Aufgabe: *Gegeben sind die Geraden $f(x) = x - 3$ und $g(x) = -0{,}75x + 4$ sowie die Geraden $h(x) = -x - 2{,}5$ und $i(x) = 2x + 5$. Berechne den Schnittpunkt der Gerade f mit g, sowie den Schnittpunkt der Gerade h mit i. Überprüfe deine Rechnung mit Hilfe einer geeigneten Zeichnung.*

$f(x) = g(x)$		$h(x) = i(x)$	
$x - 3 = -0{,}75x + 4$	$\|+3$	$-x - 2{,}5 = 2x + 5$	$\|-5$
$x = -0{,}75x + 7$	$\|+0{,}75x$	$-x - 7{,}5 = 2x$	$\|+x$
$1{,}75x = 7$	$\|: 1{,}75$	$-7{,}5 = 3x$	$\|: 3$
$x = 4$		$-2{,}5 = x$	
$f(x) = x - 3$		$i(x) = 2x + 5$	
$f(4) = 4 - 3$		$f(-2{,}5) = 2 \cdot (-2{,}5) + 5$	
$f(4) = 1$		$f(4) = 0$	
⇨ S(4/1)		⇨ S(-2,5/0)	

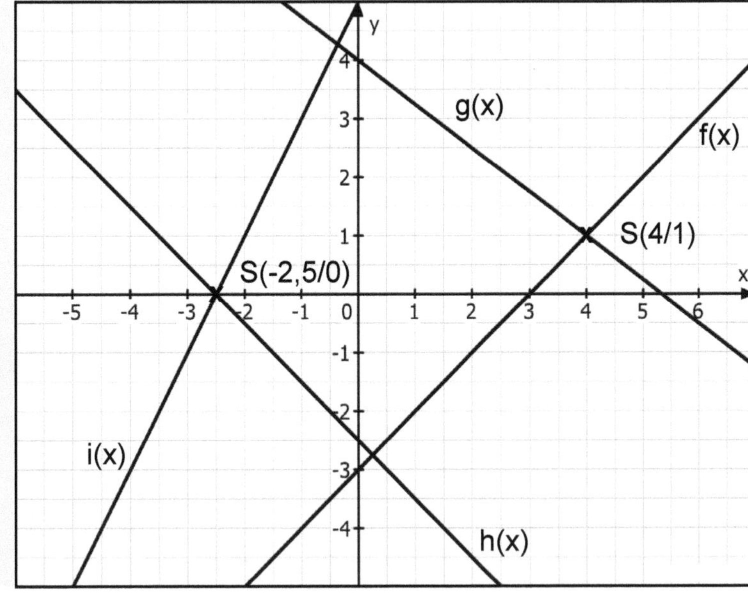

KOHL VERLAG Geraden & Parabeln Was mache ich, wenn...? - Bestell-Nr. 12 220

10. ... ich eine parallele Gerade bestimmen möchte, die durch einen angegebenen Punkt verläuft?

Geraden sind dann parallel, wenn sie die gleiche Steigung aufzeigen.

Beispiel: *Gegen ist die Gerade f(x) = 2x - 2. Bestimme eine zu f parallele Gerade g, die durch den Punkt P(-3,5/-4) verläuft.*

Lösung: Die Steigungen von f und g sind identisch, also gilt m = 2. Nun wird dieses **m** gemeinsam mit dem Punkt P(-3,5/-4) in die Geradengleichung eingesetzt und nach **b** aufgelöst (siehe Punkt 4).

m = 2 P(-3,5/-4)

y = mx + b
-4 = 2•(-3,5) + b
-4 = -7 + b |+7
3 = b

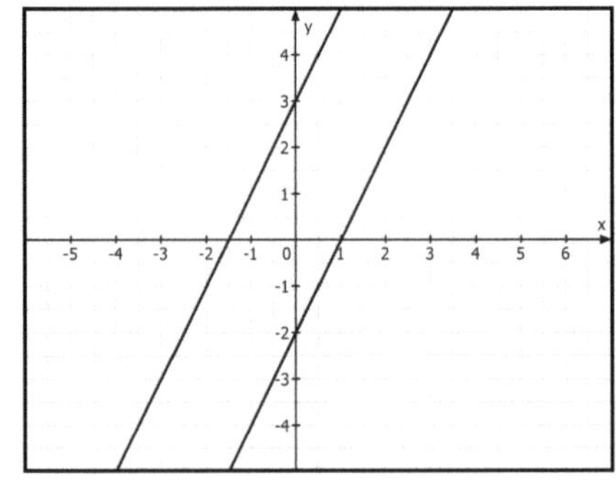

Aufgabe: *Bestimme zur Geraden f mit f(x) = -x + 4 die parallele Gerade g, die durch den Punkt A(1/-2) verläuft. Zeichne anschließend die beiden Geraden in das KOS und überprüfe deine Berechnung.*

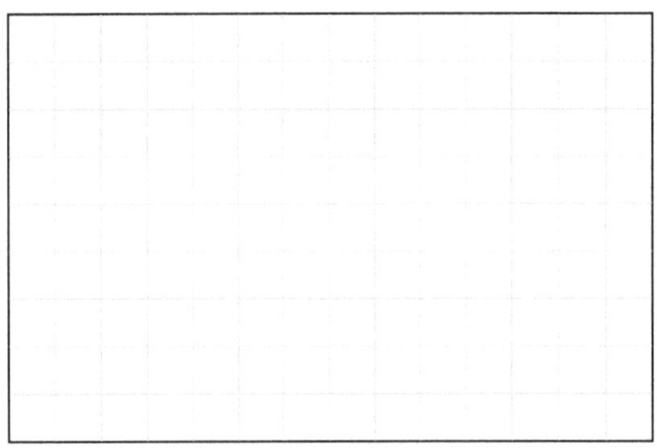

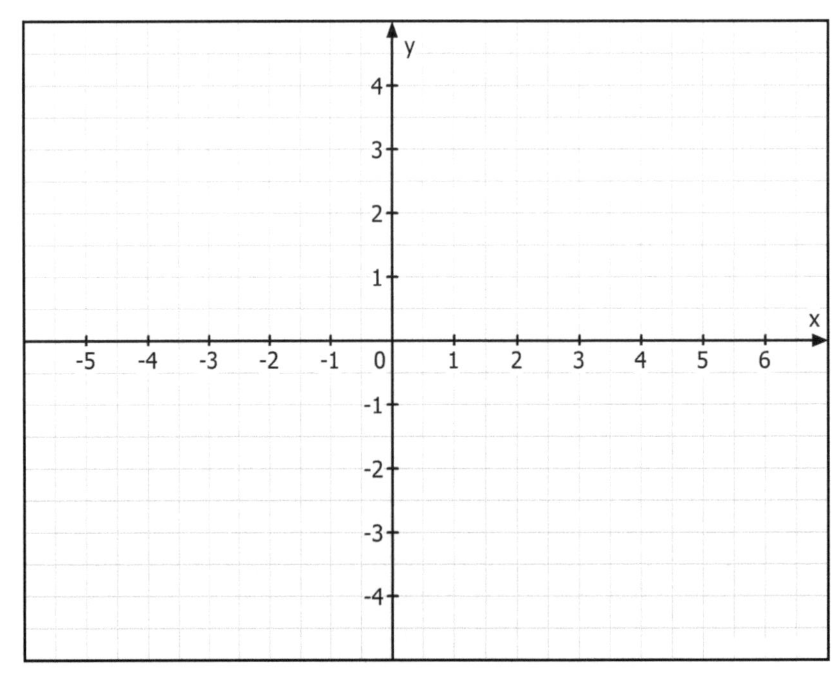

KOHL VERLAG Geraden & Parabeln Was mache ich, wenn ...? - Bestell-Nr. 12 220

10. … ich eine parallele Gerade bestimmen möchte, die durch einen angegebenen Punkt verläuft?

Geraden sind dann parallel, wenn sie die gleiche Steigung aufzeigen.

<u>Beispiel</u>: *Gegeben ist die Gerade f(x) = 2x - 2. Bestimme eine zu f parallele Gerade g, die durch den Punkt P(-3,5/-4) verläuft.*

Lösung: Die Steigungen von f und g sind identisch, also gilt m = 2. Nun wird dieses **m** gemeinsam mit dem Punkt P(-3,5/-4) in die Geradengleichung eingesetzt und nach **b** aufgelöst (siehe Punkt 4).

$m = 2 \qquad P(-3{,}5/-4)$

$y = mx + b$
$-4 = 2 \cdot (-3{,}5) + b$
$-4 = -7 + b \qquad |+7$
$3 = b$

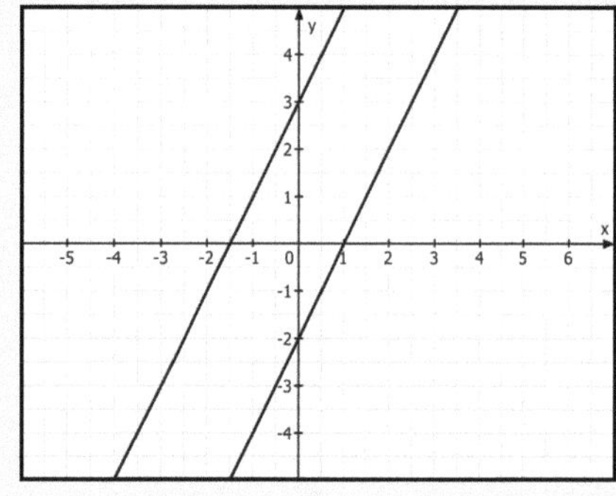

<u>Aufgabe</u>: *Bestimme zur Geraden f mit f(x) = -x + 4 die parallele Gerade g, die durch den Punkt A(1/-2) verläuft. Zeichne anschließend die beiden Geraden in das KOS und überprüfe deine Berechnung.*

parallel: $m_f = m_g$

$m = -1 \qquad A(1/-2)$

$y = mx + b$
$-2 = (-1) \cdot 1 + b$
$-2 = (-1) + b \qquad |+1$
$-1 = b$

$g(x) = -x - 1$

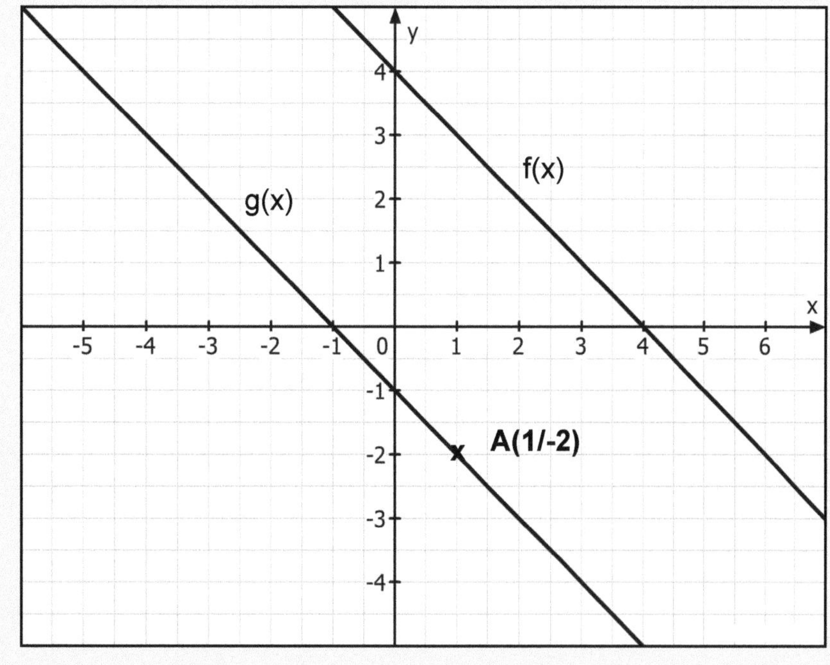

KOHL VERLAG
Geraden & Parabeln
Was mache ich, wenn...? - Bestell-Nr. 12 220

11. ... ich eine Orthogonale auf eine gegebene Gerade bestimmen möchte, die durch einen angegebenen Punkt verläuft.

Orthogonal bedeutet, dass die beiden beteiligten Geraden senkrecht zueinander stehen. Für die Steigung bedeutet dies, dass die orthogonale Gerade den negativen Kehrwert der Steigung der anderen Gerade zeigt. Ein Synonym für die Orthogonale wäre die Normale.

Beispiel: *Gesucht ist die Gerade g, die senkrecht auf die Gerade f mit f(x) = 3x - 4 steht und durch den Punkt A(-4,5/2,5) verläuft.*

Lösung: Die orthogonale oder senkrechte Gerade g muss die Steigung ($\frac{-1}{3}$) haben, da dies der negative Kehrwert der Steigung m = 3 der Geraden f ist. Nun kennt man die Steigung und einen Punkt und setzt diese Werte in die Funktionsgleichung ein (siehe Punkt 4).

$m = \frac{-1}{3}$

A(-4,5/2,5)

$y = mx + b$

$2{,}5 = (\frac{-1}{3}) \cdot (-4{,}5) + b$

$2{,}5 = 1{,}5 + b \qquad |-1{,}5$

$1 = b$

$g(x) = \frac{-1}{3}x + 1$

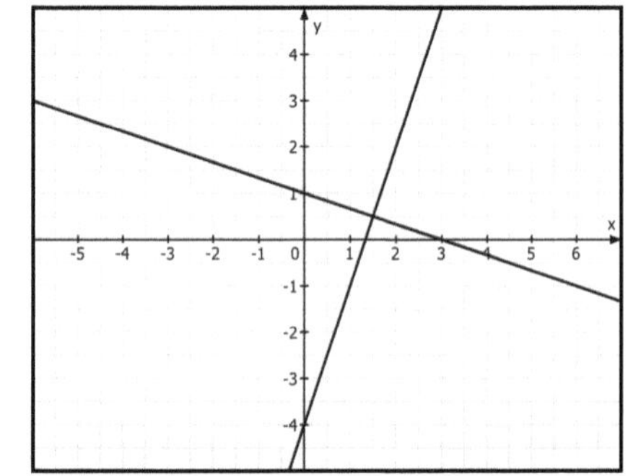

Aufgabe: *Bestimme eine Gerade g, die zur Geraden f mit f(x) = 4x + 2 senkrecht steht und den Punkt A(4/2) durchquert. Zeichne anschließend die beiden Geraden und überprüfe deine Rechnung.*

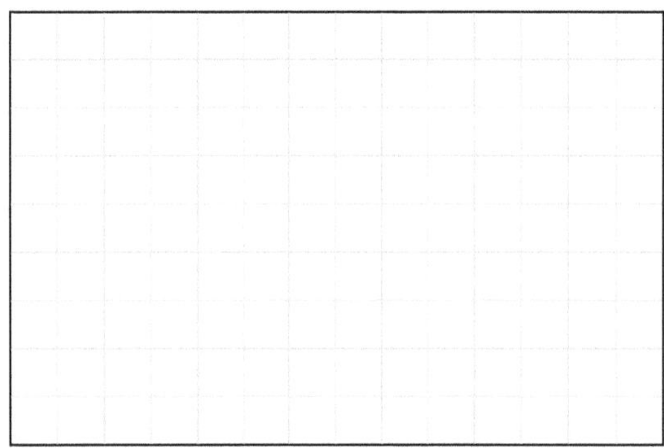

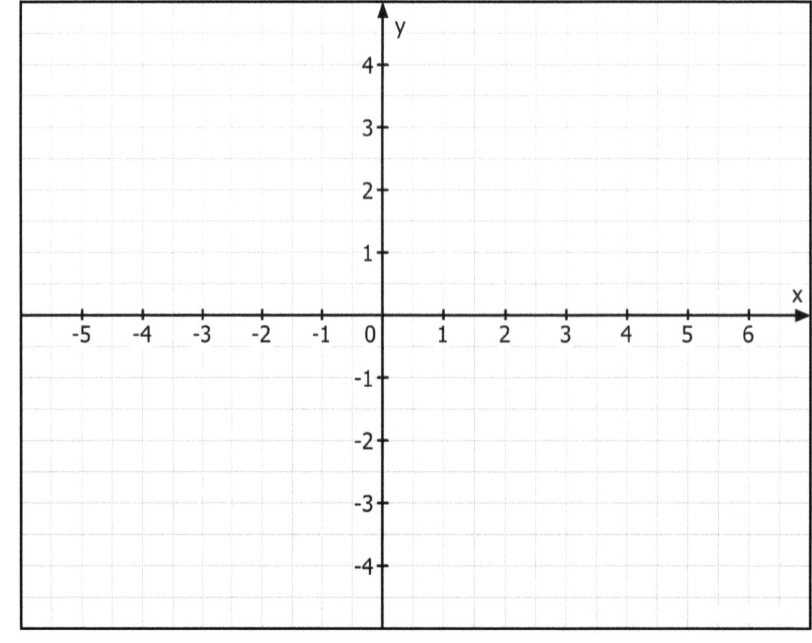

11. … ich eine Orthogonale auf eine gegebene Gerade bestimmen möchte, die durch einen angegebenen Punkt verläuft.

Orthogonal bedeutet, dass die beiden beteiligten Geraden senkrecht zueinander stehen. Für die Steigung bedeutet dies, dass die orthogonale Gerade den negativen Kehrwert der Steigung der anderen Gerade zeigt. Ein Synonym für die Orthogonale wäre die Normale.

Beispiel: *Gesucht ist die Gerade g, die senkrecht auf die Gerade f mit f(x) = 3x - 4 steht und durch den Punkt A(-4,5/2,5) verläuft.*

Lösung: Die orthogonale oder senkrechte Gerade g muss die Steigung ($\frac{-1}{3}$) haben, da dies der negative Kehrwert der Steigung m = 3 der Geraden f ist. Nun kennt man die Steigung und einen Punkt und setzt diese Werte in die Funktionsgleichung ein (siehe Punkt 4).

$m = \frac{-1}{3}$ A(-4,5/2,5)

$y = mx + b$

$2{,}5 = (\frac{-1}{3}) \cdot (-4{,}5) + b$

$2{,}5 = 1{,}5 + b$ |-1,5

$1 = b$

$g(x) = \frac{-1}{3}x + 1$

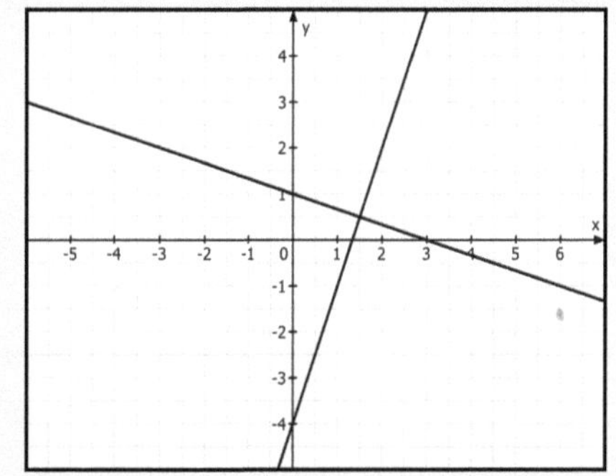

Aufgabe: *Bestimme eine Gerade g, die zur Geraden f mit f(x) = 4x + 2 senkrecht steht und den Punkt A(4/2) durchquert. Zeichne anschließend die beiden Geraden und überprüfe deine Rechnung.*

senkrecht: $m_f = -1/m_g$

$m = -\frac{1}{4}$ A(4/2)

$y = mx + b$

$2 = -(\frac{1}{4}) \cdot 4 + b$

$2 = (-1) + b$ |+1

$3 = b$

$g(x) = -\frac{1}{4}x + 3$

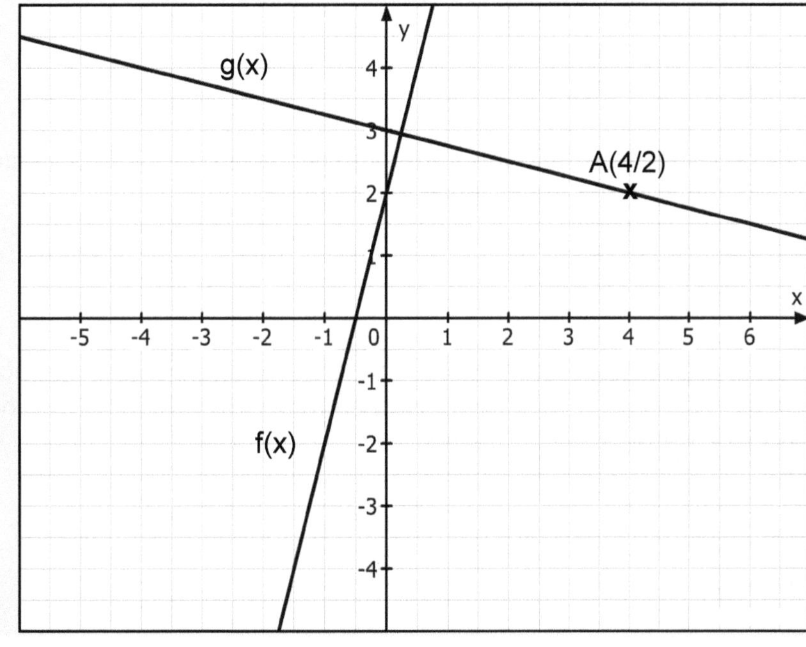

KOHL VERLAG Geraden & Parabeln Was mache ich, wenn...? - Bestell-Nr. 12 220

1. ... ich eine Tangente an eine Polynomfunktion anlegen möchte?

In der Kurvendiskussion müssen immer wieder Tangenten an Polynomfunktionen höheren Grades angelegt werden.

Beispiel: *Im Schaubild K ist die Polynomfunktion $f(x) = 0,5x^3 - 3x^2 + 4,5x - 1$ dargestellt. Berechne die Gleichung der Tangenten an K im Punkt W(2(f(2)). Zeichne anschließend die Tangente ins Schaubild K.*

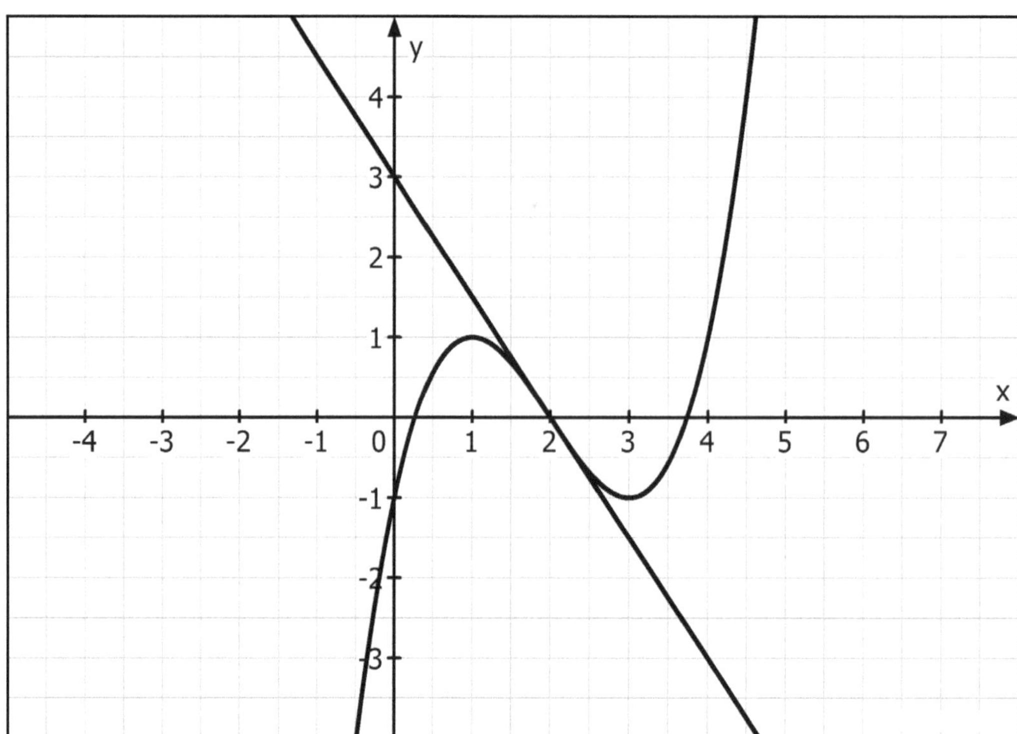

Lösung: Die Berechnung einer Tangente in 5 Schritten.

Schritt 1: Wir benötigen auch die y-Koordinate des Punktes W:

$f(x) = 0,5x^3 - 3x^2 + 4,5x - 1$ |einfügen der x-Koordinate 2

$f(2) = 0,5 \cdot 2^3 - 3 \cdot 2^2 + 4,5 \cdot 2 - 1$

$\mathbf{f(2) = 0}$ ⇨ **W(2/0)**

Schritt 2: Wir benötigen die erste Ableitung:

$f(x) = 0,5x^3 - 3x^2 + 4,5x - 1$

$\mathbf{f'(x) = 1,5x^2 - 6x + 4,5}$

Schritt 3: Zur Berechnung der Steigung **m** der Tangente wird die x-Koordinate des Punktes W in die erste Ableitung eingesetzt:

$f'(x) = 1,5x^2 - 6x + 4,5$ |einfügen der x-Koordinate x = 2

$f'(2) = 1,5 \cdot 2^2 - 6 \cdot 2 + 4,5$

$\mathbf{f'(x) = -1,5}$ => $\mathbf{m_T = -1,5}$

Schritt 4: Die Steigung $\mathbf{m_T}$ und Punkt W(2/0) in die Geradengleichung einsetzen:

$f(x) = mx + b$ | einsetzen für m = (-1,5), für x = 2 und y = 0

$0 = (-1,5) \cdot 2 + b$ | +3

$\mathbf{3 = b}$

Schritt 5: Angeben der gesuchten Tangentengleichung:

$\mathbf{f_T(x) = -1,5x + 3}$

1. ... ich eine Tangente an eine Polynomfunktion anlegen möchte?

Aufgabe 1: *Im Schaubild K ist die Polynomfunktion $f(x) = -0{,}25x^3 + 1{,}5x^2$ dargestellt. Berechne die Gleichung der Tangente an K im Punkt W(1(f(1)). Zeichne anschließend die Tangente an das Schaubild K.*

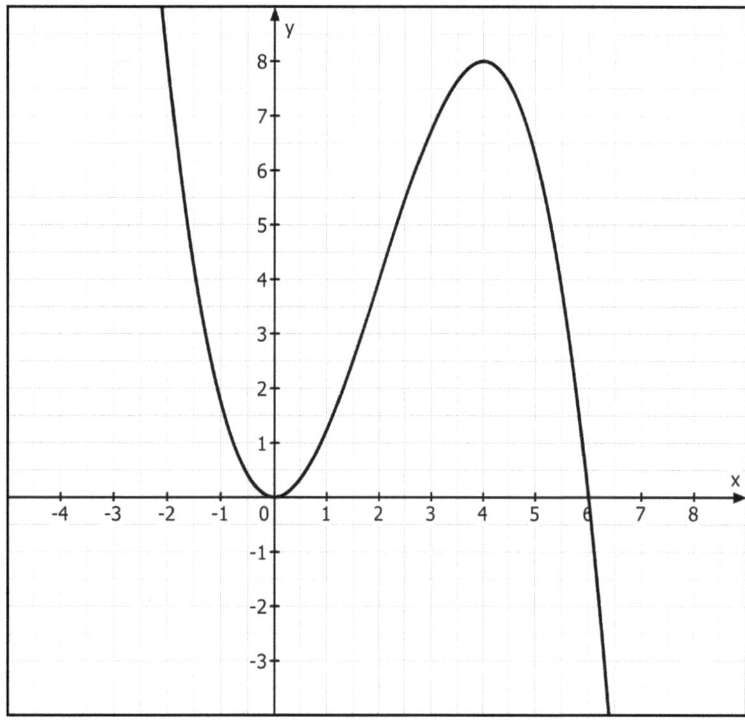

Aufgabe 2: *Im Schaubild K ist die Polynomfunktion $f(x) = 0{,}125x^4 - x^3 + 2{,}25x^2$ dargestellt. Berechne die Gleichung der Tangente an K im Punkt W(1(f(1)). Zeichne anschließend die Tangente an das Schaubild K.*

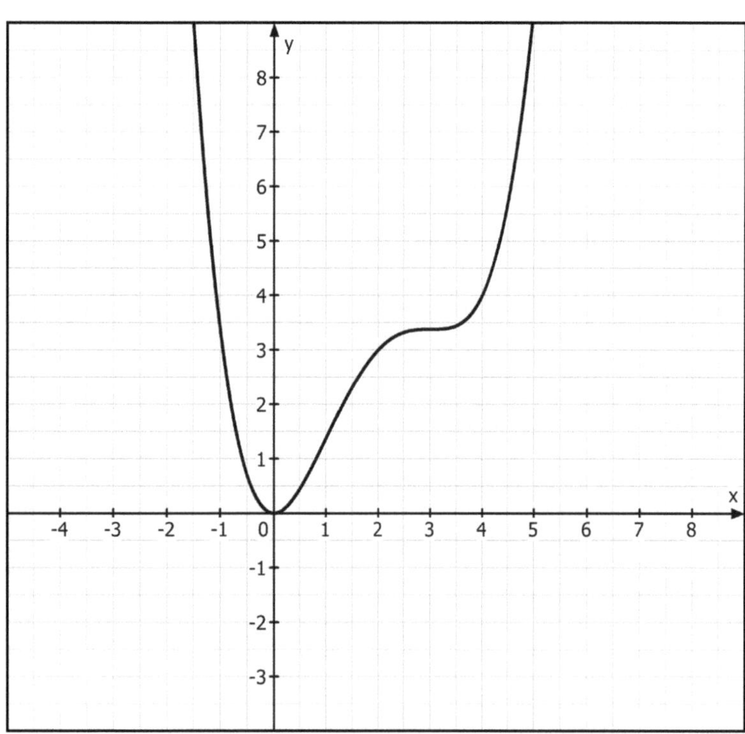

KOHL VERLAG Geraden & Parabeln *Was mache ich, wenn...?* - Bestell-Nr. 12 220

Teil 2: Tangente und Normale

1. ... ich eine Tangente an eine Polynomfunktion anlegen möchte?

Aufgabe 1: *Im Schaubild K ist die Polynomfunktion $f(x) = -0{,}25x^3 + 1{,}5x^2$ dargestellt. Berechne die Gleichung der Tangente an K im Punkt W(1(f(1)). Zeichne anschließend die Tangente an das Schaubild K.*

$f(1) = -0{,}25 \cdot 1^3 + 1{,}5 \cdot 1^2$

$f(1) = 1{,}25$ W(1/1,25)

$f(x) = -0{,}25x^3 + 1{,}5x^2$

$f'(x) = -0{,}75x^2 + 3x$

$f'(x) = -0{,}75x^2 + 3x$

$f'(1) = -0{,}75 \cdot 1^2 + 3 \cdot 1$

$f'(1) = 2{,}25 = m_T$

$f(x) = mx + b$

$1{,}25 = 2{,}25 \cdot 1 + b \quad |-2{,}25$

$-1 = b$

$f_T(x) = 2{,}25x - 1$

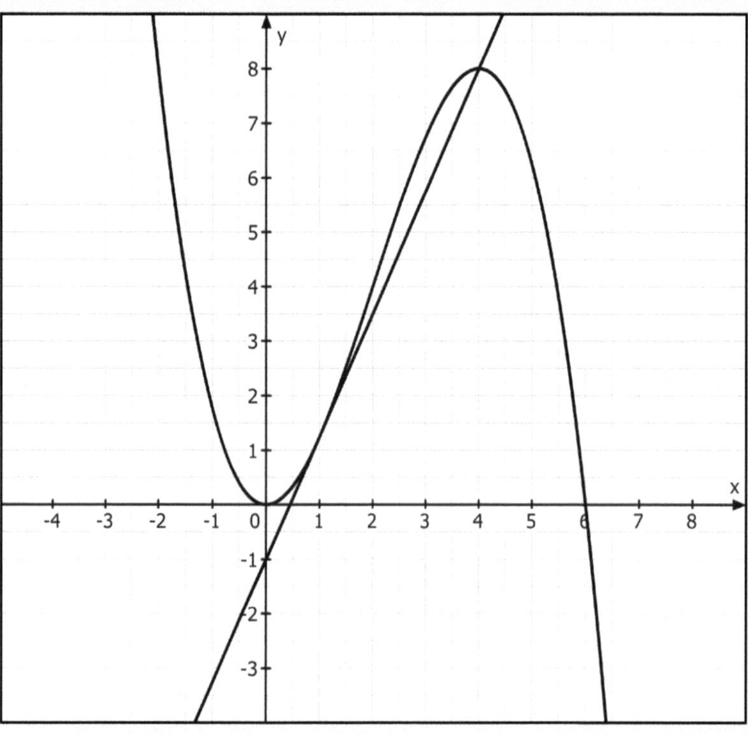

Aufgabe 2: *Im Schaubild K ist die Polynomfunktion $f(x) = 0{,}125x^4 - x^3 + 2{,}25x^2$ dargestellt. Berechne die Gleichung der Tangente an K im Punkt W(1(f(1)). Zeichne anschließend die Tangente an das Schaubild K.*

$f(x) = 0{,}125x^4 - x^3 + 2{,}25x^2$

$f(1) = 0{,}125 \cdot 1^4 - 1^3 + 2{,}25 \cdot 1^2$

$f(1) = 1{,}375$ W(1/1,375)

$f(x) = 0{,}125x^4 - x^3 + 2{,}25x^2$

$f'(x) = 0{,}5x^3 - 3x^2 + 4{,}5x$

$f'(x) = 0{,}5x^3 - 3x^2 + 4{,}5x$

$f'(1) = 0{,}5 \cdot 1^3 - 3 \cdot 1^2 + 4{,}5 \cdot 1$

$f'(1) = 2 = m_T$

$f(x) = mx + b$

$1{,}375 = 2 \cdot 1 + b \quad | -2$

$-0{,}625 = b$

$f_T(x) = 2x - 0{,}625$

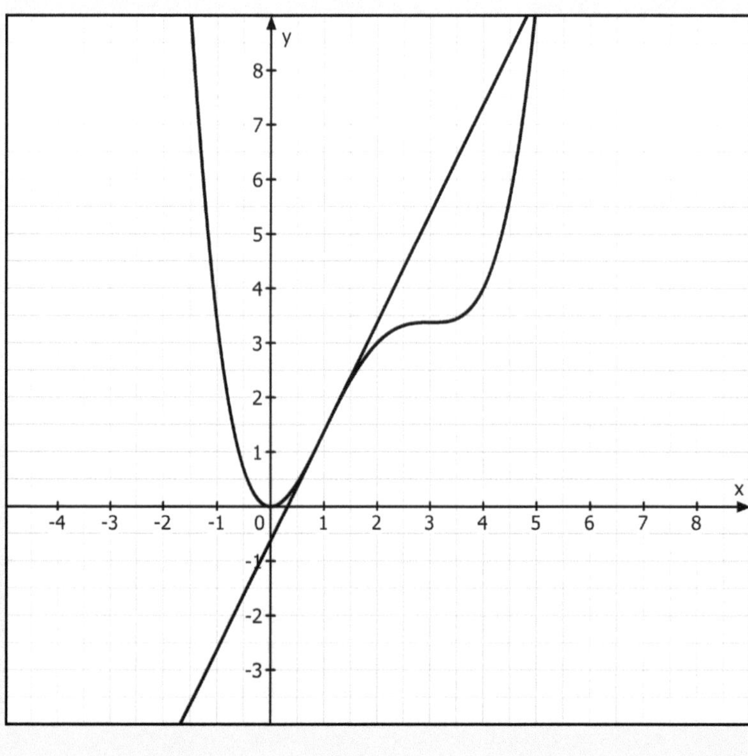

KOHL VERLAG
Geraden & Parabeln
Was mache ich, wenn ...? – Bestell-Nr. 12 220

2. ... ich eine Normale an eine Polynomfunktion anlegen möchte?

In der Kurvendiskussion müssen immer wieder Normalen an Polynomfunktionen höheren Grades angelegt werden. Normalen nennt man auch Orthogonalen.

Beispiel: *Im Schaubild K ist die Polynomfunktion $f(x) = \frac{1}{8}x^3 - \frac{3}{2}x^2 + \frac{9}{4}x$ dargestellt. Berechne die Gleichung der Normalen an K im Punkt W(4(f(4)). Zeichne anschließend die Normale an das Schaubild K.*

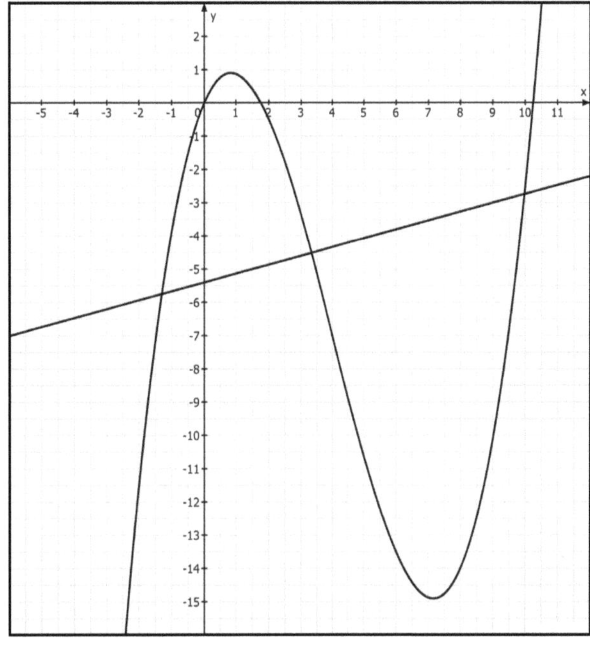

Lösung: Die Berechnung einer Normalen in 6 Schritten.

Schritt 1: Wir benötigen auch die y-Koordinate des Punktes W:

$f(x) = \frac{1}{8}x^3 - \frac{3}{2}x^2 + \frac{9}{4}x$ | einfügen der x-Koordinate 4

$f(4) = \frac{1}{8} \cdot 4^3 - \frac{3}{2} \cdot 4^2 + \frac{9}{4} \cdot 4$

$\mathbf{f(4) = -7}$ ⇨ **W(2/-7)**

Schritt 2: Wir benötigen die erste Ableitung:

$f(x) = \frac{1}{8}x^3 - \frac{3}{2}x^2 + \frac{9}{4}x$

$\mathbf{f'(x) = \frac{3}{8}x^2 - 3x + \frac{9}{4}}$

Schritt 3: Zur Berechnung der Steigung **m** der Normalen wird die x-Koordinate des Punktes W in die erste Ableitung eingesetzt:

$f'(x) = \frac{3}{8}x^2 - 3x + \frac{9}{4}$ | einfügen der x-Koordinate x = 4

$f'(x) = \frac{3}{8} \cdot 4^2 - 3 \cdot 4 + \frac{9}{4}$

$\mathbf{f'(x) = -\frac{15}{4}}$ ⇨ $\mathbf{m_T}$

Schritt 4*: Wir bilden den negativen Kehrwert der Tangentensteigung $\mathbf{m_T}$:

$\mathbf{f'(x) = +\frac{4}{15}}$ ⇨ $\mathbf{m_N}$

Schritt 5: Die Steigung $\mathbf{m_N}$ und Punkt W(4/-7) in die Geradengleichung einsetzen:

$f(x) = mx + b$ | einsetzen für $m = \frac{4}{15}$, für x = 4 und y = (-7)

$-7 = \frac{4}{15} \cdot 4 + b$ | $-\frac{16}{15}$

$\mathbf{-8\frac{1}{15} = b}$

Schritt 6: Angeben der gesuchten Normalengleichung:

$\mathbf{f_N(x) = \frac{4}{15}x - 8\frac{1}{15}}$

---

* *Die Berechnung von Tangenten und Normalen unterschieden sich nur bei der Bestimmung der Steigung (Schritt 4). Von der Steigung der Tangenten wird der negative Kehrwert bestimmt. Alle anderen Schritte sind identisch!*

2. ... ich eine Normale an eine Polynomfunktion anlegen möchte?

Aufgabe: *Im Schaubild K ist die Polynomfunktion $f(x) = 0{,}5x^2(x - 3)(x - 4)$ dargestellt. Berechne die Gleichung der Tangenten im Punkt A(4/f(4)) und der Normalen im Punkt B(1/f(1)). Berechne anschließend den Schnittpunkt Q der Tangenten mit der Normalen. Zeichne beide Geraden ein und überprüfe deinen Schnittpunkt.*

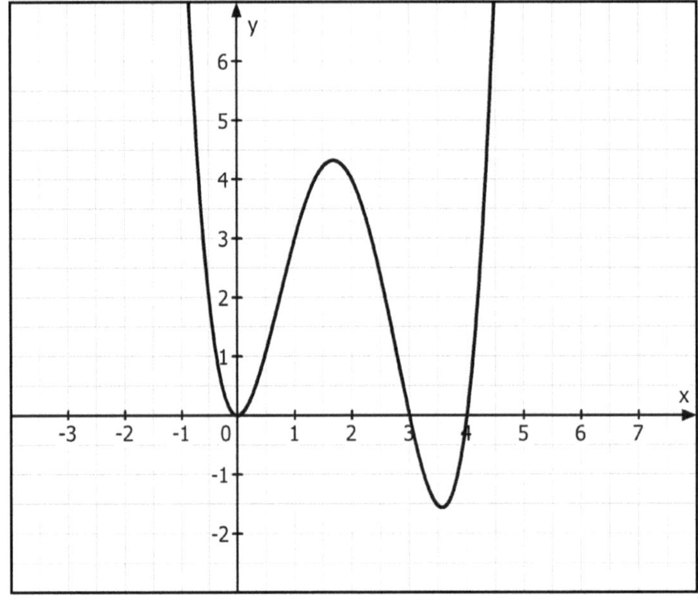

KOHL VERLAG Geraden & Parabeln *Was mache ich, wenn ...?* • Bestell-Nr. 12 220

Teil 2: Tangente und Normale

Lösung

2. … ich eine Normale an eine Polynomfunktion anlegen möchte?

Aufgabe: *Im Schaubild K ist die Polynomfunktion f(x) = 0,5x²(x - 3)(x - 4) dargestellt. Berechne die Gleichung der Tangenten im Punkt A(4/f(4)) und der Normalen im Punkt B(1/f(1)). Berechne anschließend den Schnittpunkt Q der Tangenten mit der Normalen. Zeichne beide Geraden ein und überprüfe deinen Schnittpunkt.*

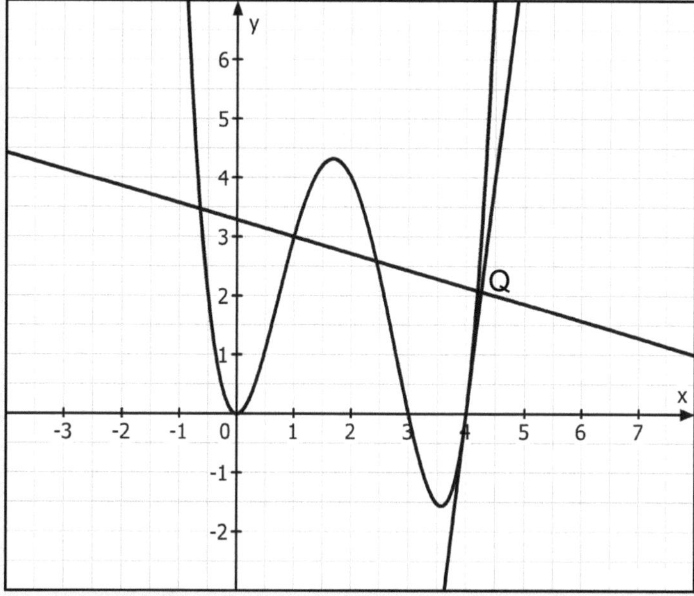

$f(x) = 0{,}5x^2(x - 3)(x - 4)$
$f(4) = 0{,}5 \cdot 4^2(4 - 3)(4 - 4)$
$f(4) = 0$
A(4/0)

$f(x) = 0{,}5x^2(x - 3)(x - 4)$
$f(1) = 0{,}5 \cdot 1^2(1 - 3)(1 - 4)$
$f(1) = 3$
B(1/3)

$f(x) = 0{,}5x^2(x - 3)(x - 4)$
$f(x) = 0{,}5x^2(x^2 - 7x + 12)$
$f(x) = 0{,}5x^4 - 3{,}5x^3 + 6x^2$
$\mathbf{f'(x) = 2x^3 - 10{,}5x^2 + 12x}$

$f'(x) = 2x^3 - 10{,}5x^2 + 12x$
$f'(4) = 2 \cdot 4^3 - 10{,}5 \cdot 4^2 + 12 \cdot 4$
$\mathbf{f'(4) = 8 \quad = m_T \text{ in } x = 4}$

$f'(x) = 2x^3 - 10{,}5x^2 + 12x$
$f'(1) = 2 \cdot 1^3 - 10{,}5 \cdot 1^2 + 1^2 \cdot 1$
$\mathbf{f'(1) = 3{,}5 \quad = m_T \text{ in } x = 1}$
$\mathbf{f'(1) = -\frac{2}{7} \quad = m_N \text{ in } x = 1}$

$\mathbf{f_T(x) = mx + b}$
$0 = 8 \cdot 4 + b \quad | -32$
$-32 = b$
$\mathbf{f_T(x) = 8x - 32}$

$\mathbf{f_N(x) = mx + b}$
$3 = -\frac{2}{7} \cdot 1 + b \quad | +\frac{2}{7}$
$\frac{23}{7} = b$
$\mathbf{f_N(x) = -\frac{2}{7}x + \frac{23}{7}}$

Schnittpunkt Q $f_T(x)$ mit $f_N(x)$:

$f_T(x) = f_N(x)$
$8x - 32 = -\frac{2}{7}x + \frac{23}{7} \quad | +\frac{2}{7}x$
$\frac{58}{7}x - 32 = \frac{23}{7} \quad | +32$
$\frac{58}{7}x = \frac{247}{7} \quad | : \frac{58}{7}$
$\mathbf{x = \frac{247}{58} \approx 4{,}26}$

$f_T(x) = 8x - 32$
$f_T(\frac{247}{58}) = 8 \cdot \frac{247}{58} - 32$
$\mathbf{f_T(\frac{247}{58}) = \frac{60}{29} \approx 2{,}07}$ ⇨ **Q(4,26/2,07)**

KOHL VERLAG Geraden & Parabeln *Was mache ich, wenn…?* - Bestell-Nr. 12 220

MindMap zu typischen Parabelaufgaben

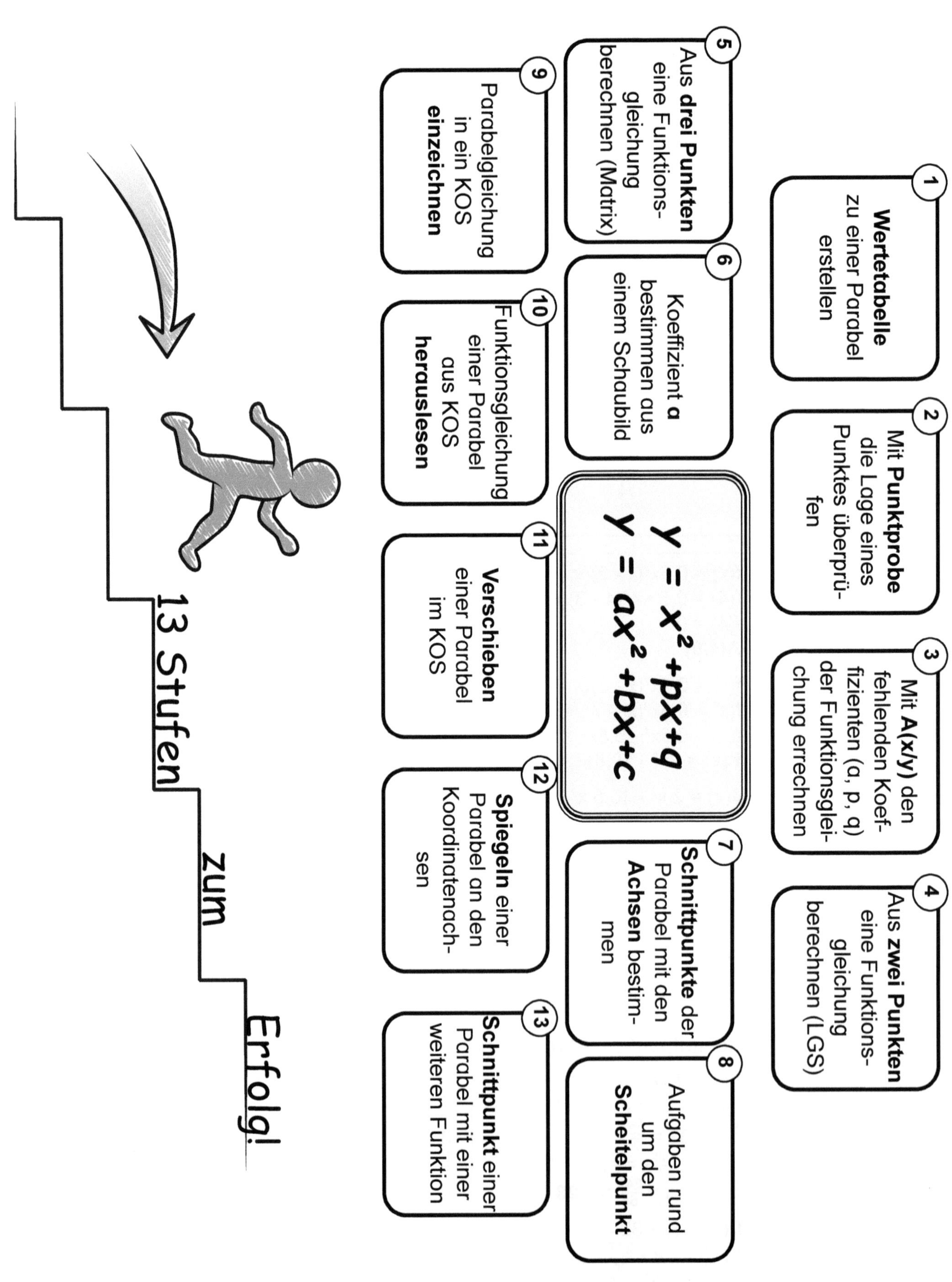

1. ... ich eine Wertetabelle erstellen möchte?

Eine Wertetabelle kann dir das Einzeichnen einer Funktion erleichtern. In der Tabelle werden x-Werte und die dazugehörigen Funktionswerte (y-Werte) dargestellt. Jedes Wertepaar kann als Punkt in einem Koordinatensystem eingezeichnet werden. Am Ende werden die Punkte miteinander verbunden.

Achtung: In manchen Aufgaben ist der Bereich angegeben, in dem du die Wertetabelle berechnen sollst. Dann steht in der Aufgabe z. B. der Zusatz:
{x Є R: -3 < x < +4}. In diesem Fall ist es vorgegeben, dass die Wertetabelle für die x-Werte von (-3) bis (+4) erstellt werden muss.

Wenn keine Einschränkung gegeben ist, kann die Einteilung der x-Werte sinnvoll selbst festgelegt werden. Es empfiehlt sich, die Tabelle von (-3) bis (+3) aufzubauen. Auch können 0,5-Schritte sinnvoll sein.

x	-3	-2,5	-2	-1,5	-1	-0,5	0	0,5	1	1,5	2	2,5	3
y / f(x)													

Zum Ausfüllen der Wertetabelle muss nun nur noch jeder einzelne x-Wert der Tabelle nacheinander in der Funktionsgleichung an der Stelle des x eingesetzt werden. Das Ergebnis wird in der Tabelle eingetragen.

Beispiel: $f(x) = x^2 + 2 \cdot x + 1$

Lösung: $f(-2,5) = (-2,5)^2 + 2 \cdot (-2,5) + 1$ $\quad$ $f(1) = 1^2 + 2 \cdot 1 + 1$
$f(-2,5) = 2,25$ $\quad$ $f(1) = 4$

x	-3	-2,5 (A)	-2	-1,5	-1	-0,5	0	0,5	1 (B)	1,5	2	2,5	3
y / f(x)	4	2,25	1	0,25	0	0,25	1	2,25	4	6,26	9	12,25	16

Nun müssen die Punkte nur noch in das KOS übertragen und schließlich miteinander verbunden werden.

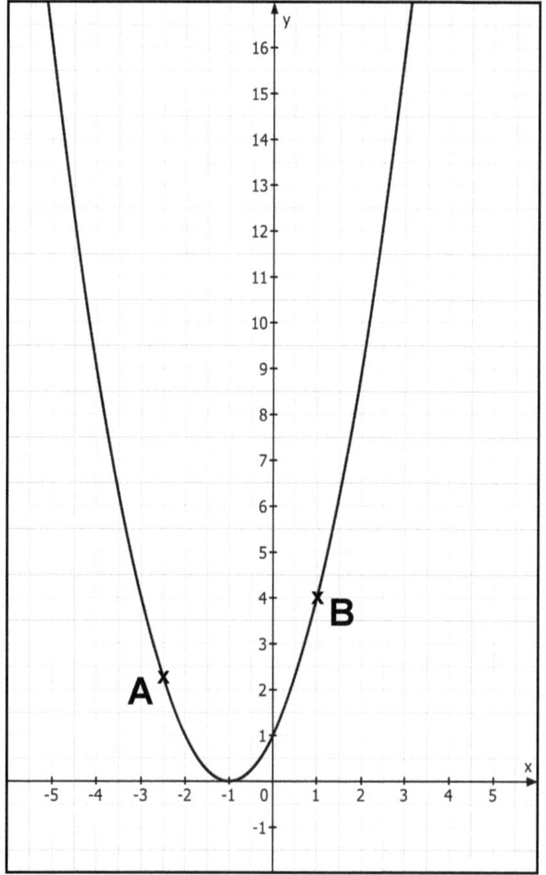

1. … ich eine Wertetabelle erstellen möchte?

Aufgabe: *Erstelle zu den gegebenen Funktionsgleichungen die Wertetabelle und zeichne die Gerade dann in das KOS.*

a) $f(x) = x^2 + 1{,}5x - 4$

x	-4	-3	-2	-1,5	-1	-0,5	0	0,5	1	1,5	2	2,5	3
y / f(x)													

b) $g(x) = -0{,}5x^2 + 4x - 2$

x	-1	-0,5	0	0,5	1	1,5	2	2,5	3	4	5	6	7
y / f(x)													

c) $h(x) = \frac{1}{4}x^2 + 2x + 1$

x	-9	-8	-7	-6	-5	-4	-3	-2	-1	0	1	2	3
y / f(x)													

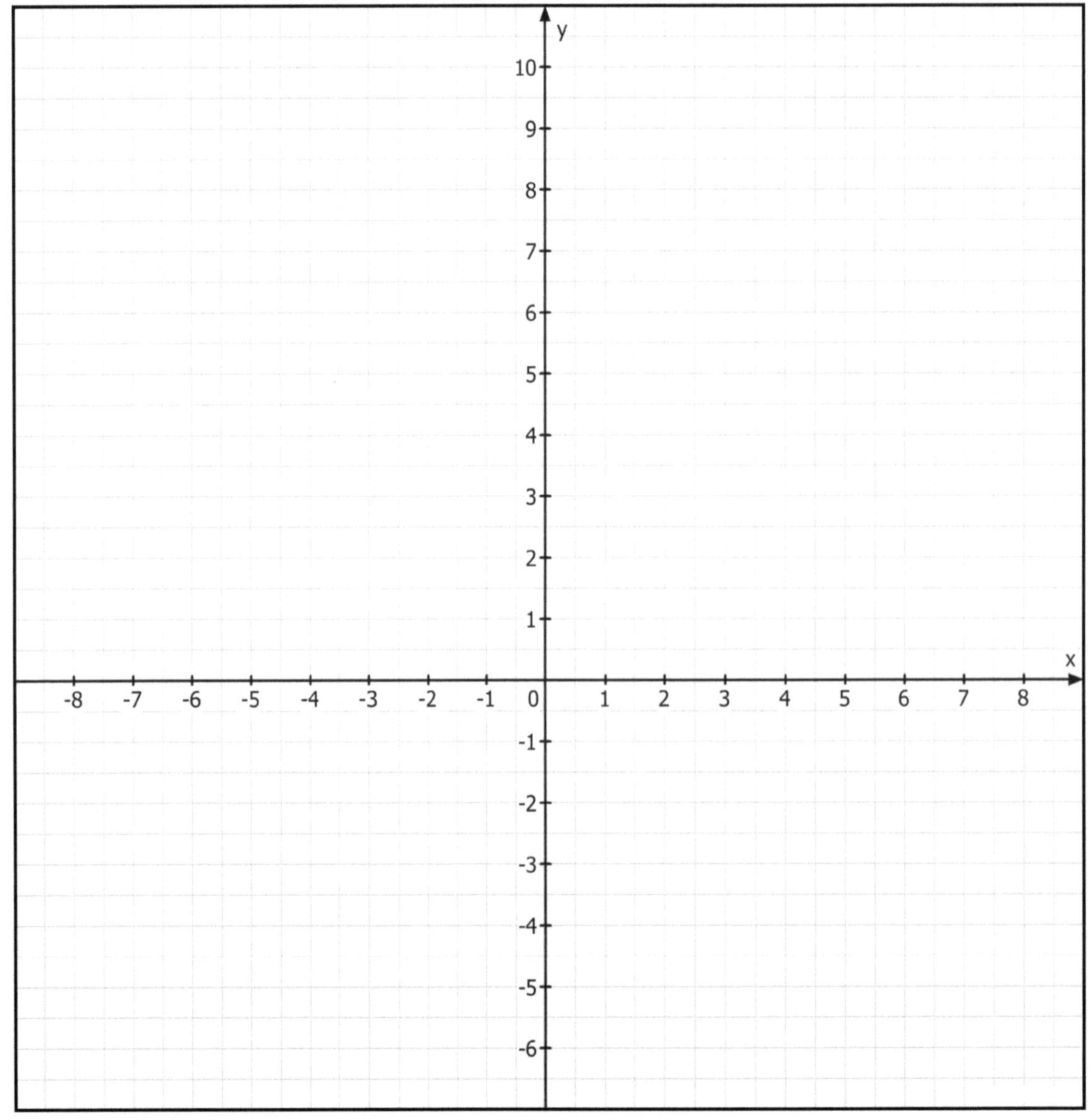

KOHL VERLAG Geraden & Parabeln

Teil 3: Quadratische Funktionen

1. … ich eine Wertetabelle erstellen möchte?

Aufgabe: *Erstelle zu den gegebenen Funktionsgleichungen die Wertetabelle und zeichne die Gerade dann in das KOS.*

a) $f(x) = x^2 + 1{,}5x - 4$

x	-4	-3	-2	-1,5	-1	-0,5	0	0,5	1	1,5	2	2,5	3
y / f(x)	6	0,5	-3	-4	-4,5	-4,5	-4	-3	-1,5	0,5	3	6	9,5

b) $g(x) = -0{,}5x^2 + 4x - 2$

x	-1	-0,5	0	0,5	1	1,5	2	2,5	3	4	5	6	7
y / f(x)	-6,5	-4,125	-2	-0,125	-5	2,875	4	4,875	5,5	6	5,5	4	1,5

c) $h(x) = \frac{1}{4}x^2 + 2x + 1$

x	-9	-8	-7	-6	-5	-4	-3	-2	-1	0	1	2	3
y / f(x)	3,25	1	-0,75	-2	-2,75	-3	-2,75	-2	-0,75	1	3,25	6	9,25

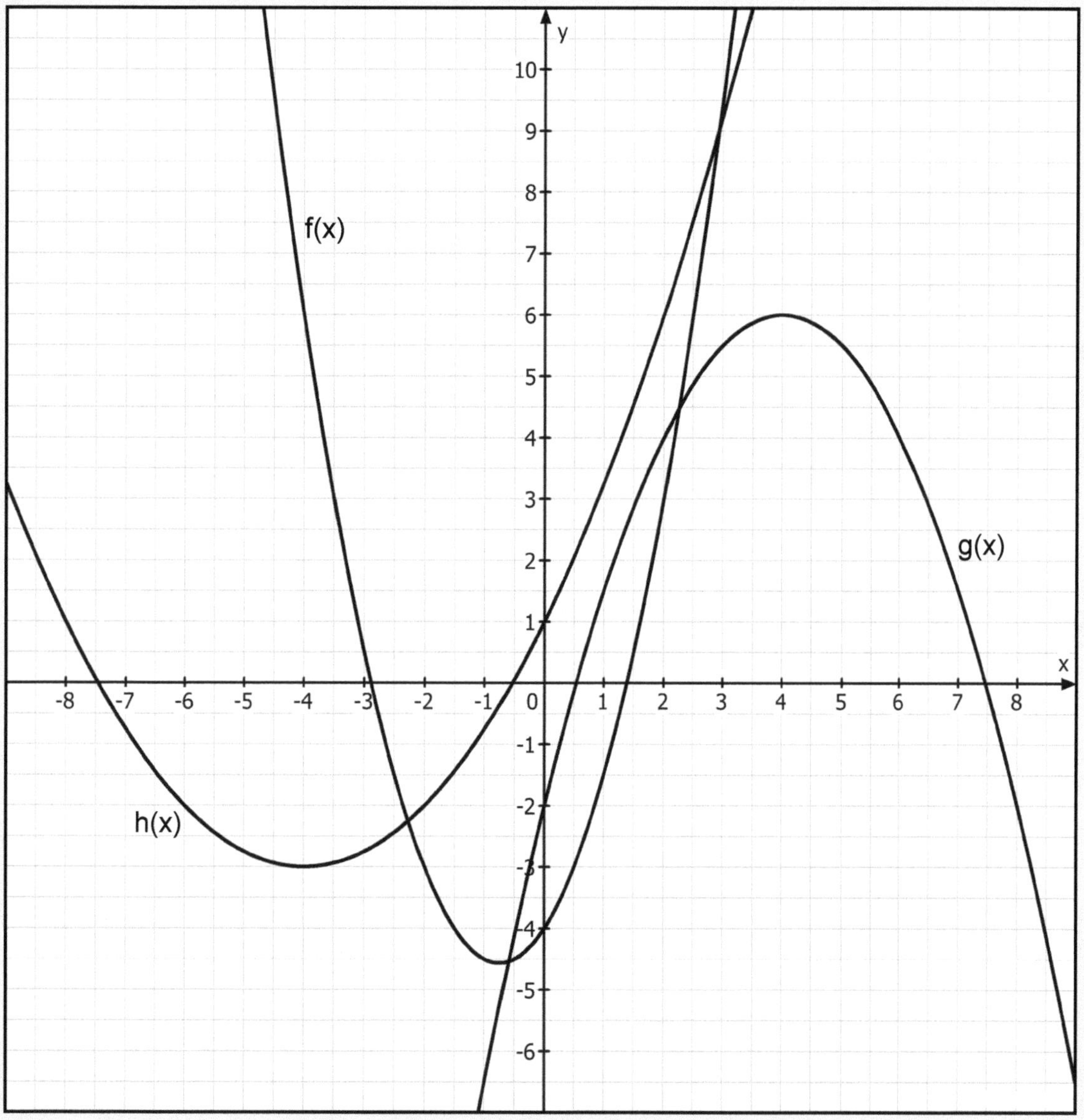

f(x)

g(x)

h(x)

KOHL VERLAG Geraden & Parabeln *Was mache ich, wenn...?* - Bestell-Nr. 12 220

2. ... ich mit Hilfe der Punktprobe...

a) ... die fehlende Koordinate eines Parabelpunktes berechnen möchte?

Wenn wir die genaue Lage eines Punktes auf einer Parabel angeben müssen, dann führen wir einfach die Punktprobe durch, denn ein Punkt auf einer Parabel muss die Funktionsgleichung erfüllen.

Beispiel: *Der Punkt A(5/y) liegt auf der Geraden f mit $f(x) = x^2 - 3x + 2$. Bestimme die genaue Lage des Punktes A.*

Lösung: Wir setzen den x-Wert des Punktes A, nämlich x = 5 in die Gleichung der Parabel ein und bestimmen den Funktionswert y..

$f(x) = x^2 - 3x + 2$
$f(5) = 5^2 - 3 \cdot 5 + 2$
$f(5) = 12$ ⇨ A(5/12)

Aufgabe: *Die Punkte A(-2/y) und B(x/95) liegen auf der Parabel f mit $f(x)= x^2 + 2x - 4$. Bestimme die genaue Lage der Punkte A und B.*

b) ... überprüfen soll, ob ein Punkt tatsächlich „auf der Parabel" liegt?

Beispiel: *Überprüfe, ob der Punkt A(4/9) auf der Parabel p mit $p(x)= x^2 - 3x + 2$ liegt.*

Lösung: Wir setzen die Koordinaten des Punktes A, nämlich x = 4 und y = 6 in die Funktionsgleichung der Parabel ein und vergleichen.

$p(x)= x^2 - 3x + 2$
$6 = 4^2 - 3 \cdot 4 + 2$
$6 = 6$ ✓

Aufgabe: *Welcher der beiden Punkte A(3/5) und B (-4/-14) liegt auf der Parabel h mit $h(x)= -x^2 + 1,5x + 8$. Überprüfe mit Hilfe der Punktprobe.*

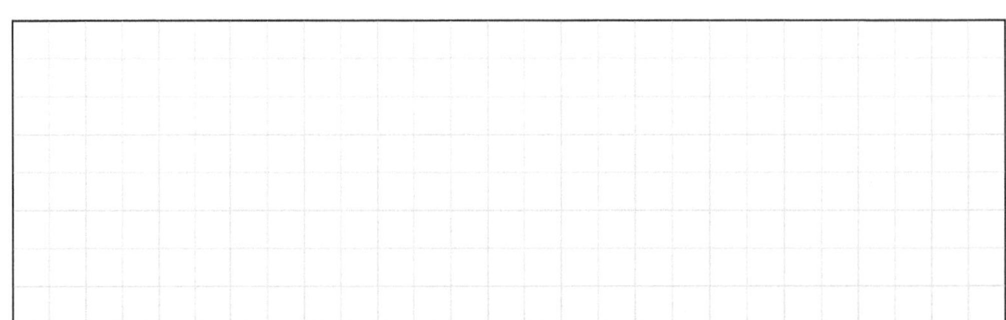

KOHL VERLAG Geraden & Parabeln Was mache ich, wenn ...? • Bestell-Nr. 12 220

2. … ich mit Hilfe der Punktprobe…

a) … die fehlende Koordinate eines Parabelpunktes berechnen möchte?

Wenn wir die genaue Lage eines Punktes auf einer Parabel angeben müssen, dann führen wir einfach die Punktprobe durch, denn ein Punkt auf einer Parabel muss die Funktionsgleichung erfüllen.

Beispiel: *Der Punkt A(5/y) liegt auf der Geraden f mit $f(x) = x^2 - 3x + 2$. Bestimme die genaue Lage des Punktes A.*

Lösung: Wir setzen den x-Wert des Punktes A, nämlich x = 5 in die Gleichung der Parabel ein und bestimmen den Funktionswert y..

$f(x) = x^2 - 3x + 2$
$f(5) = 5^2 - 3 \cdot 5 + 2$
$f(5) = 12$ ⇨ A(5/12)

Aufgabe: *Die Punkte A(-2/y) und B(x/95) liegen auf der Parabel f mit $f(x) = x^2 + 2x - 4$. Bestimme die genaue Lage der Punkte A und B.*

$f(x) = x^2 + 2x - 4$
$f(-2) = (-2)^2 + 2 \cdot (-2) - 4$
$f(-2) = 4 - 4 - 4$
$f(-2) = -4$
A(-2/-4)

$f(x) = x^2 + 2x - 4$
$95 = x^2 + 2x - 4$ |-95
$0 = x^2 + 2x - 99$
(pq-Formel: $x_1 = 9$ und $x_2 = -11$)
⇨ es gibt 2 Möglichkeiten für B
B(9/95) oder B(-11/95)

b) … überprüfen soll, ob ein Punkt tatsächlich „auf der Parabel" liegt?

Beispiel: *Überprüfe, ob der Punkt A(4/9) auf der Parabel p mit $p(x) = x^2 - 3x + 2$ liegt.*

Lösung: Wir setzen die Koordinaten des Punktes A, nämlich x = 4 und y = 6 in die Funktionsgleichung der Parabel ein und vergleichen.

$p(x) = x^2 - 3x + 2$
$6 = 4^2 - 3 \cdot 4 + 2$
$6 = 6$ ✓

Aufgabe: *Welcher der beiden Punkte A(3/5) und B (-4/-14) liegt auf der Parabel h mit $h(x) = -x^2 + 1,5x + 8$. Überprüfe mit Hilfe der Punktprobe.*

$h(x) = -x^2 + 1,5x + 8$
$5 = -(3)^2 + 1,5 \cdot 3 + 8$
$5 = -9 + 4,5 + 8$
$5 = 3,5$ ↯

$h(x) = -x^2 + 1,5x + 8$
$-14 = -(-4)^2 + 1,5 \cdot (-4) + 8$
$-14 = -16 - 6 + 8$ ✓

Antwort: Der Punkt B liegt auf der Parabel h, der Punkt A nicht.

KOHL VERLAG Geraden & Parabeln *Was mache ich, wenn…?* - Bestell-Nr. 12 220

3. ... ich mit Hilfe eines Punktes einen fehlenden Koeffizienten ausrechnen soll?

Immer wieder gibt es Aufgaben, bei denen in einer gegebenen Funktionsgleichung ein Koeffizient fehlt. Zur Bestimmung des fehlenden Wertes benötigen wir einen Punkt, der auf der Parabel liegt. Zur Lösung wird der Punkt in die Parabelgleichung eingesetzt und nach dem fehlenden Koeffizienten aufgelöst.

Wir unterscheiden drei Ansätze:

a) gegeben: **A(3/2) und $f(x) = x^2 - 4x + q$** **gesucht: Koeffizient q**

$f(x) = x^2 - 4x + q$ |einsetzen der Koordinaten des Punktes A
$2 = 3^2 - 4 \cdot 3 + q$
$2 = 9 - 12 + q$
$2 = -3 + q$ |+3
$5 = q$

Parabelgleichung: $f(x) = x^2 - 4x + 5$

Normalparabel

b) gegeben: **A(3/2) und $f(x) = x^2 - px + 5$** **gesucht: Koeffizient p**

$f(x) = x^2 - px + 5$ |einsetzen der Koordinaten des Punktes A
$2 = 3^2 - p \cdot 3 + 5$
$2 = 9 - 3p + 5$
$2 = 14 - 3p$ |-14
$-12 = -3p$ |: (-3)
$4 = p$

Parabelgleichung: $f(x) = x^2 - 4x + 5$

Normalparabel

c) gegeben: **A(4/-3) und $f(x) = ax^2 - 4x + 5$** **gesucht: Koeffizient a**

$f(x) = ax^2 - 4x + 5$ |einsetzen der Koordinaten des Punktes A
$-3 = a \cdot 4^2 - 4 \cdot 4 + 5$
$-3 = 16a - 16 + 5$
$-3 = 16a - 11$ |+11
$8 = 16a$ |:16
$0,5 = a$

Parabelgleichung: $f(x) = 0,5x^2 - 4x + 5$

Allgemeine Parabel

KOHL VERLAG Geraden & Parabeln Was mache ich, wenn ...? – Bestell-Nr. 12 220

3. ... ich mit Hilfe eines Punktes einen fehlenden Koeffizienten ausrechnen soll?

Aufgabe 1: *Auf der Parabel mit der Funktionsgleichung $f(x) = x^2 - 6x + q$ liegt der Punkt A(-1/8). Eine weitere Parabel mit $h(x) = -x^2 - px + 4$ durchquert der Punkt B(-3/1). Wie lauten die Funktionsgleichungen der Parabeln f(x) und h(x)?*

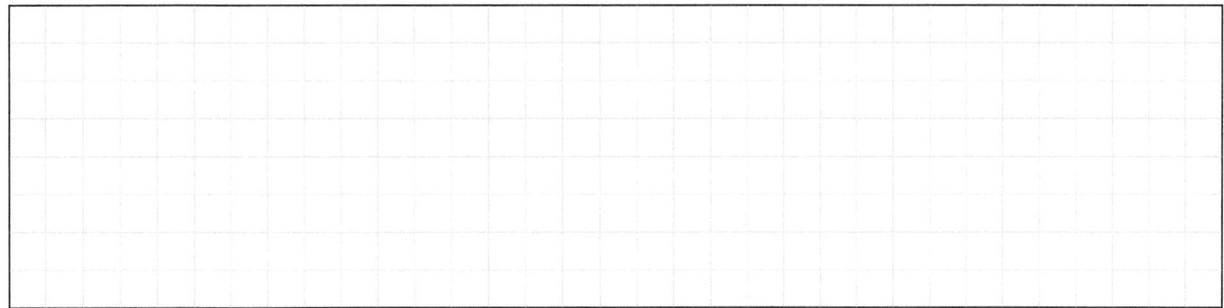

Aufgabe 2: *Die Tabelle zeigt Ausschnitte der Wertetabellen zweier Parabeln mit den Funktionsgleichungen $f(x) = x^2 - 2x + q$ und $h(x) = -x^2 - px - 1{,}5$. Wie lauten die Funktionsgleichungen der Parabeln f(x) und h(x)?*

x	-2	-1	0	1	2
f(x)	6				
h(x)				1,5	

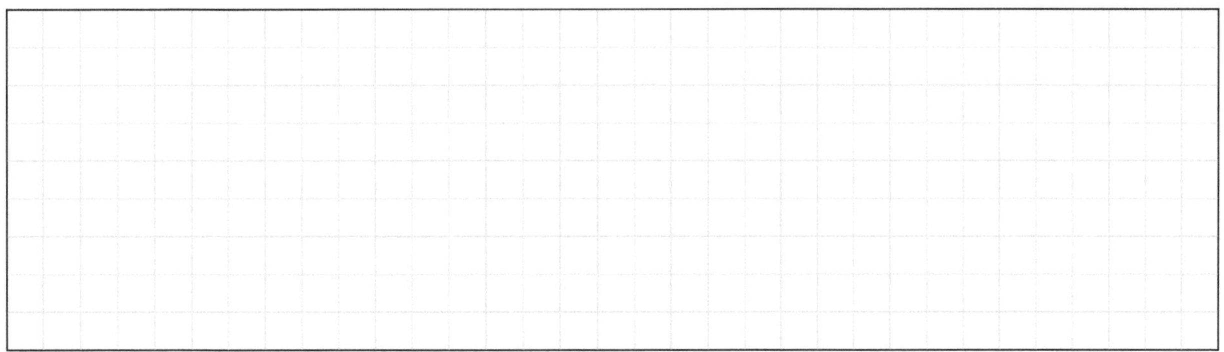

Aufgabe 3: *Die Graphik zeigt das Schaubild einer allgemeinen Parabel mit der Funktionsgleichung $f(x) = ax^2 + 3x - 2$. Berechne mit Hilfe der Graphik den Wert des Koeffizienten a und gib die vollständige Funktionsgleichung an.*

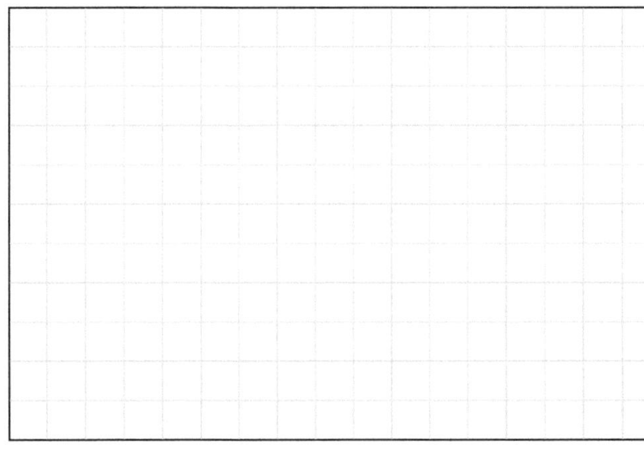

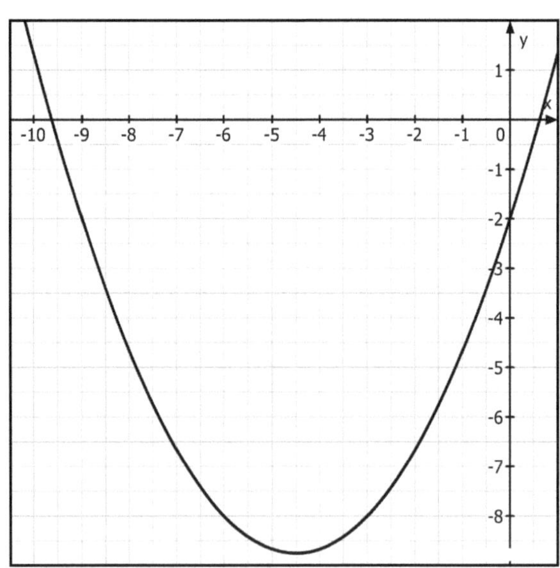

Geraden & Parabeln
Was mache ich, wenn...? - Bestell-Nr. 12 220
KOHL VERLAG

3. ... ich mit Hilfe eines Punktes einen fehlenden Koeffizienten ausrechnen soll?

Aufgabe 1: *Auf der Parabel mit der Funktionsgleichung f(x) = x² - 6x + q liegt der Punkt A(-1/8). Eine weitere Parabel mit h(x) = -x² - px + 4 durchquert der Punkt B(-3/1). Wie lauten die Funktionsgleichungen der Parabeln f(x) und h(x)?*

$f(x) = x^2 - 6x + q$ |einsetzen von A	$h(x) = -x^2 - px + 4$ |einsetzen von B
$8 = (-1)^2 - 6 \cdot (-1) + q$	$1 = -(-3)^2 - p \cdot (-3) + 4$
$8 = 1 + 6 + q$	$1 = -9 - 3p + 4$
$8 = 7 + q$ |-7	$1 = -5 - 3p$ |+6
$1 = q$	$6 = -3p$ |:(-3)
	$-2 = p$
⇨ **$f(x) = x^2 - 6x + 1$**	⇨ **$h(x) = -x^2 - 2x + 4$**

Aufgabe 2: *Die Tabelle zeigt Ausschnitte der Wertetabellen zweier Parabeln mit den Funktionsgleichungen f(x) = x² - 2x + q und h(x) = -x² - px - 1,5. Wie lauten die Funktionsgleichungen der Parabeln f(x) und h(x)?*

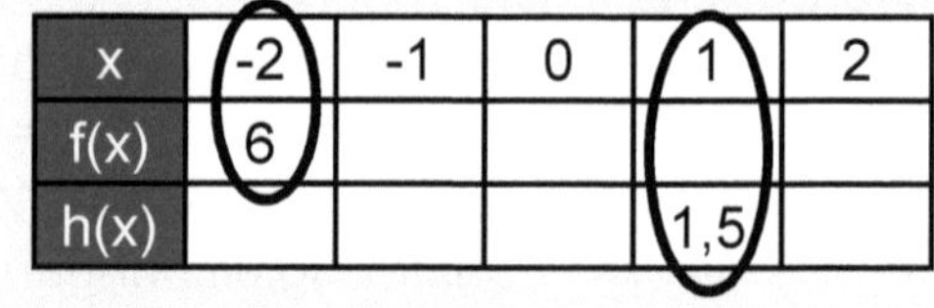

x	-2	-1	0	1	2
f(x)	6				
h(x)				1,5	

Aus der Wertetabelle kann man die Punkte A(-2/6) und B(1/1,5) entnehmen.

$f(x) = x^2 - 2x + q$ |einsetzen von A	$h(x) = -x^2 - px - 1{,}5$ |einsetzen von B
$6 = (-2)^2 - 2 \cdot (-2) + q$	$1{,}5 = -(1)^2 - p \cdot 1 - 1{,}5$
$6 = 4 + 4 + q$	$1{,}5 = -1 - p - 1{,}5$
$6 = 8 + q$ |-8	$1{,}5 = -2{,}5 - p$ |+2,5
$-2 = q$	$4 = -p$ |:(-1)
	$-4 = p$
⇨ **$f(x) = x^2 - 2x - 2$**	⇨ **$h(x) = -x^2 - 4x - 1{,}5$**

Aufgabe 3: *Die Graphik zeigt das Schaubild einer allgemeinen Parabel mit der Funktionsgleichung f(x) = ax² + 3x - 2. Berechne mit Hilfe der Graphik den Wert des Koeffizienten a und gib die vollständige Funktionsgleichung an.*

Aus der Graphik kann man unter anderem den Punkt A(-9/-2) ablesen.

$f(x) = ax^2 + 3x - 2$ \|einsetzen von A

$-2 = a \cdot (-9)^2 + 3 \cdot (-9) - 2$

$-2 = 81a - 27 - 2$

$-2 = 81a - 29$ \|+29

$27 = 81a$ \|:81

$\frac{1}{3} = a$

⇨ **$f(x) = \frac{1}{3}x^2 + 3x - 2$**

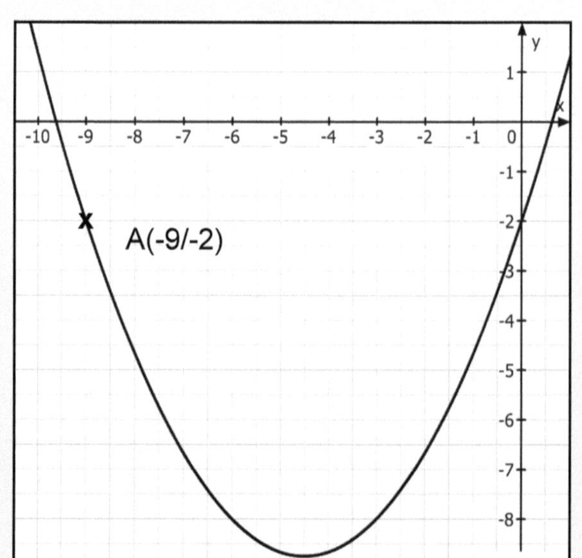

Geraden & Parabeln
KOHL VERLAG

4. ... ich die Funktionsgleichung einer Parabel bestimmen möchte, von der ich lediglich zwei Punkte A(x/y) und B(x/y) kenne?

Zur Bestimmung der Funktionsgleichung einer Parabel, von der zwei Punkte bekannt sind, lässt sich ein lineares Gleichungssystem aufstellen.

Beispiel: *Eine nach oben geöffnete Normalparabel p geht durch die Punkte A(2/5) und B(6/-3). Bestimme die Funktionsgleichung von p.*

Lösung: Wir nehmen unseren „Parabel-Dummy" der Form $f(x) = x^2 + px + q$ und setzen beide Punkte ein. Somit erhalten wir zwei Gleichungen. Diese formen wir um und lösen das Gleichungssystem über eines der bekannten Verfahren (Additions-, Gleichsetzungs- oder Einsetzungsverfahren):

Hier wird gleichgesetzt:

(I)
$f(x) = x^2 + px + q$
$5 = 2^2 + 2 \cdot p + q \quad |-2^2$
$1 = 2 \cdot p + q \quad |-2p$
$1 - 2p = q$

(II)
$f(x) = x^2 + px + q$
$-3 = 6^2 + 6 \cdot p + q \quad |-6^2$
$-39 = 6 \cdot p + q \quad |-6p$
$-39 - 6p = q$

gleichsetzen: (I = II)
$1 - 2p = -39 - 6p \quad |+6p \quad |-1$
$4p = -40 \quad |:4$
$\mathbf{p = -10}$

einsetzen:
$1 - 2p = q$
$1 - 2 \cdot (-10) = q$
$\mathbf{21 = q}$ daraus folgt: Die Funktionsgleichung lautet: $\mathbf{f(x) = x^2 - 10x + 21}$

Hier wird eingesetzt:

(I)
$f(x) = x^2 + px + q$
$5 = 2^2 + 2 \cdot p + q \quad |-2^2$
$1 = 2 \cdot p + q \quad |-2p$
$1 - 2p = q$

(II)
$f(x) = x^2 + px + q$
$-3 = 6^2 + 6 \cdot p + q \quad |-6^2$
$-39 = 6 \cdot p + q \quad |-6p$

einsetzen: (I in II)
$-39 = 6 \cdot p + 1 - 2 \cdot p$
$-39 = 4 \cdot p + 1 \quad |-1$
$-40 = 4 \cdot p \quad |:4$
$\mathbf{-10 = p}$

einsetzen:
$1 - 2p = q$
$1 - 2 \cdot (-10) = q$
$\mathbf{21 = q}$ daraus folgt: Die Funktionsgleichung lautet: $\mathbf{f(x) = x^2 - 10x + 21}$

Hier wird addiert:

(I)
$f(x) = x^2 + px + q$
$5 = 2^2 + 2 \cdot p + q \quad |-2^2$
$1 = 2 \cdot p + q \quad |-2p$
$1 - 2p = q$

(II)
$f(x) = x^2 + px + q$
$-3 = 6^2 + 6 \cdot p + q \quad |-6^2$
$-39 = 6 \cdot p + q \quad |-6p$
$-39 - 6p = q \quad |\cdot (-1)$

addiert: (I + II)
$1 - 2p = q$
$39 + 6p = -q$
$40 + 4p = 0 \quad |-40$
$4p = -40 \quad |:4$
$\mathbf{p = -10}$

einsetzen:
$1 - 2p = q$
$1 - 2 \cdot (-10) = q$
$\mathbf{21 = q}$ daraus folgt: Die Funktionsgleichung lautet: $\mathbf{f(x) = x^2 - 10x + 21}$

4. ... ich die Funktionsgleichung einer Parabel bestimmen möchte, von der ich lediglich zwei Punkte A(x/y) und B(x/y) kenne?

Aufgabe 1: *Die nach oben geöffnete Normalparabel f durchquert die Punkte A(2/7) und B(-4/-2). Eine weitere nach unten geöffnete Normalparabel p durchquert die Punkte C(-3/5,5) und D(4/-29,5). Bestimme die Funktionsgleichungen der Parabeln f und p.*

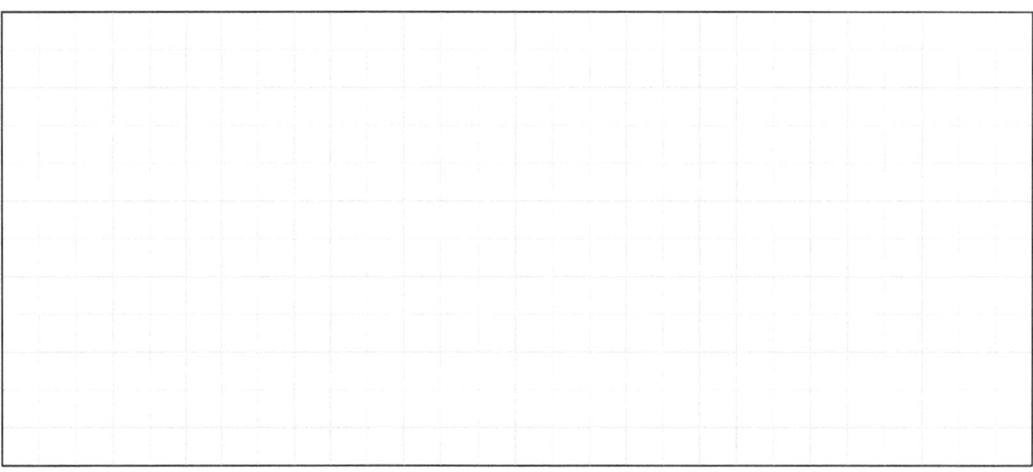

Aufgabe 2: *Die Tabelle zeigt den Ausschnitt der Wertetabelle einer nach oben offenen Normalparabel. Bestimme die Funktionsgleichung der Parabel p(x).*

x	-2	-1	0	1	2
p(x)	19	9	1	-5	-9

Aufgabe 3: *Das Schaubild zeigt den Ausschnitt einer Normalparabel. Bestimme die Funktionsgleichung rechnerisch.*

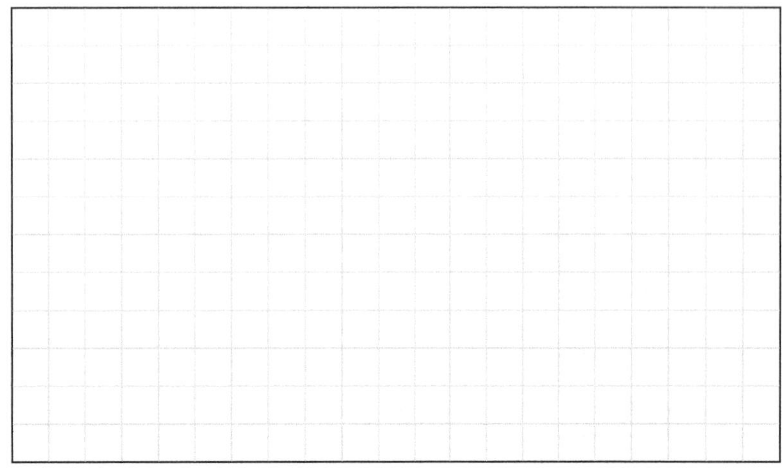

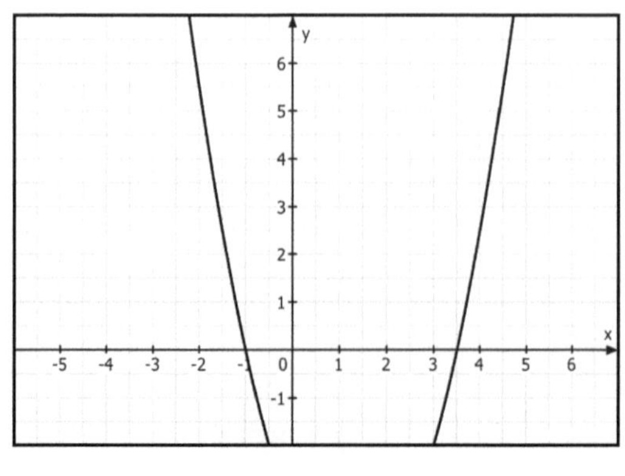

Teil 3: Quadratische Funktionen

4. … ich die Funktionsgleichung einer Parabel bestimmen möchte, von der ich lediglich zwei Punkte A(x/y) und B(x/y) kenne?

Aufgabe 1: *Die nach oben geöffnete Normalparabel f durchquert die Punkte A(2/7) und B(-4/-2). Eine weitere nach unten geöffnete Normalparabel p durchquert die Punkte C(-3/5,5) und D(4/-29,5). Bestimme die Funktionsgleichungen der Parabeln f und p.*

Hier wird gleichgesetzt:

(I)
$f(x) = x^2 + px + q$
$7 = 2^2 + 2 \cdot p + q \quad |-2^2$
$3 = 2 \cdot p + q \quad |-2p$
$3 - 2p = q$

(II)
$f(x) = x^2 + px + q$
$-2 = (-4)^2 - 4 \cdot p + q \quad |-(-4)^2$
$-18 = -4 \cdot p + q \quad |+4p$
$-18 + 4p = q$

gleichsetzen: (I = II)
$3 - 2p = -18 + 4p \quad |+2p \ |+18$
$21 = 6p \quad |:6$
$\mathbf{p = 3,5}$

einsetzen:
$3 - 2p = q$
$3 - 2 \cdot 3,5 = q$
$\mathbf{-4 = q}$ daraus folgt: Die Funktionsgleichung lautet: $\mathbf{f(x) = x^2 + 3,5x - 4}$

Die Funktionsgleichung der anderen Parabel lautet: $\mathbf{p(x) = -x^2 - 4x + 2,5}$

Natürlich wäre die Bearbeitung auch mit den anderen Verfahren möglich!

Aufgabe 2: *Die Tabelle zeigt den Ausschnitt der Wertetabelle einer nach oben offenen Normalparabel. Bestimme die Funktionsgleichung der Parabel p(x).*

x	-2	-1	0	1	2
p(x)	19	9	1	-5	-9

Hinweis: Zur Berechnung entnimmt man zwei der fünf möglichen Punkte aus der Tabelle!

Hier wird gleichgesetzt:

(I)
$f(x) = x^2 + px + q$
$19 = (-2)^2 - 2 \cdot p + q \quad |-(-2)^2$
$15 = -2 \cdot p + q \quad |+2p$
$15 + 2p = q$

(II)
$f(x) = x^2 + px + q$
$-5 = 1^2 + 1 \cdot p + q \quad |-1^2$
$-6 = 1 \cdot p + q \quad |-1p$
$-6 - 1p = q$

gleichsetzen: (I = II)
$15 + 2p = -6 - 1p \quad |+1p \quad |-15$
$3p = -21 \quad |:3$
$\mathbf{p = (-7)}$

einsetzen:
$15 + 2p = q$
$15 + 2 \cdot (-7) = q$
$\mathbf{1 = q}$ daraus folgt: Die Funktionsgleichung lautet: $\mathbf{f(x) = x^2 - 7x + 1}$

Aufgabe 3: *Das Schaubild zeigt den Ausschnitt einer Normalparabel. Bestimme die Funktionsgleichung rechnerisch.*

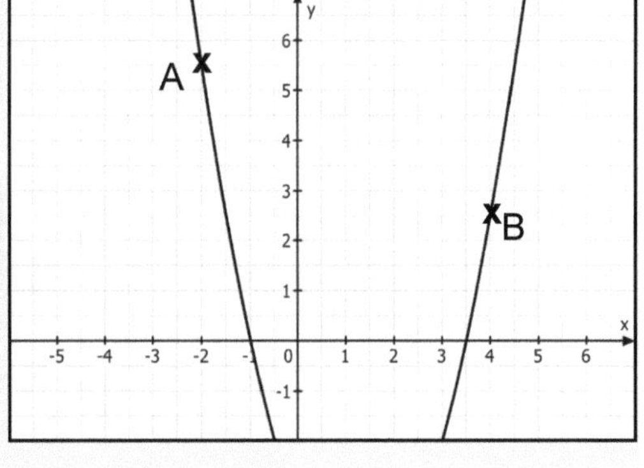

Hinweis: Zur Berechnung sucht man zwei Punkte im Schaubild, deren Koordinaten eindeutig bestimmbar sind! *Beispiel:* A(-2/5,5) und B(4/2,5)

Hier wird gleichgesetzt:

(I)
$f(x) = x^2 + px + q$
$2,5 = 4^2 + 4 \cdot p + q \quad |-4^2$
$-13,5 = 4 \cdot p + q \quad |-4p$
$-13,5 - 4p = q$

(II)
$f(x) = x^2 + px + q$
$5,5 = (-2)^2 - 2 \cdot p + q \quad |-(-2)^2$
$1,5 = -2 \cdot p + q \quad |+2p$
$1,5 + 2p = q$

gleichsetzen: (I = II)
$-13,5 - 4p = 1,5 + 2p \quad |+4p \quad |-1,5$
$-15 = 6p \quad |:6$
$\mathbf{-2,5 = p}$

einsetzen:
$-13,5 - 4p = q$
$-13,5 - 4 \cdot (-2,5) = q$
$\mathbf{-3,5 = q}$

daraus folgt: Die Funktionsgleichung lautet: $\mathbf{f(x) = x^2 - 2,5x - 3,5}$

5. ... ich die Funktionsgleichung einer Parabel bestimmen möchte, von der ich drei Punkte A(x/y), B(x/y) und C(x/y) kenne?

Allgemeine Parabel (SEK II)

Zur Bestimmung der Funktionsgleichung einer Parabel, die gestaucht oder gestreckt ist, braucht man **drei** Punkte, die auf der Parabel liegen. Mit den Koordinaten dieser Punkte lässt sich eine Matritze erstellen und nach dem Gauß-Verfahren lösen.

Beispiel: *Eine nach oben geöffnete, gestreckte Parabel p geht durch die Punkte A(-3/-4,5), B(4/13) und C(2/3). Bestimme die Funktionsgleichung von p.*

Lösung: Wir nehmen unseren „Parabel-Dummy" der Form $f(x) = ax^2 + bx + c$ und setzen die Punkte ein. Somit erhalten wir drei Gleichungen. Diese können mit dem **Gauß-schen Eliminationsverfahren** gelöst werden:

$$\mathbf{f(x) = ax^2 + bx + c}$$

A(-3/-4,5) ⇨ $-4{,}5 = 9a - 3b + c$

B(4/13) ⇨ $13 = 16a + 4b + c$

C(2/3) ⇨ $3 = 4a + 2b + c$

Stufenform:

$$x_1 + x_2 + x_3 = f(x)$$
$$x_2 + x_3 = f(x)$$
$$x_3 = f(x)$$

$$\left(\begin{array}{ccc|c} 9 & -3 & 1 & -4{,}5 \\ 16 & 4 & 1 & 13 \\ 4 & 2 & 1 & 3 \end{array}\right) \quad |\cdot(-4)$$

$$\left(\begin{array}{ccc|c} 9 & -3 & 1 & -4{,}5 \\ 16 & 4 & 1 & 13 \\ -16 & -8 & -4 & -12 \end{array}\right) \text{(Gleichung II + Gleichung III)}$$

$$\left(\begin{array}{ccc|c} 9 & -3 & 1 & -4{,}5 \\ 16 & 4 & 1 & 13 \\ 0 & -4 & -3 & 1 \end{array}\right) \begin{array}{l} |\cdot(-16) \\ |\cdot 9 \\ \end{array}$$

$$\left(\begin{array}{ccc|c} -144 & 48 & -16 & 72 \\ 144 & 36 & 9 & 117 \\ 0 & -4 & -3 & 1 \end{array}\right) \text{(Gleichung I + Gleichung II)}$$

$$\left(\begin{array}{ccc|c} -144 & 48 & -16 & 72 \\ 0 & 84 & -7 & 189 \\ 0 & -4 & -3 & 1 \end{array}\right) \quad |\cdot 21$$

$$\left(\begin{array}{ccc|c} -144 & 48 & -16 & 72 \\ 0 & 84 & -7 & 189 \\ 0 & -84 & -63 & 21 \end{array}\right) \text{(Gleichung II + Gleichung III)}$$

$$\left(\begin{array}{ccc|c} -144 & 48 & -16 & 72 \\ 0 & 84 & -7 & 189 \\ 0 & 0 & -70 & 210 \end{array}\right)$$

daraus folgt: $x_3 = 210:(-70)$ / also gilt: $\underline{x_3 = -3}$

Eingesetzt in Gleichung II: $84\,x_2 - 7 \cdot (-3) = 189$ / also gilt: $\underline{x_2 = 2}$

Eingesetzt in Gleichung I: $9\,x_1 - 3 \cdot 2 + 1 \cdot (-3) = -4{,}5$ / also gilt: $\underline{x_1 = 0{,}5}$

Die Funktionsgleichung der Parabel p lautet demnach: $\mathbf{p(x) = 0{,}5x^2 + 2x - 3}$

5. ... ich die Funktionsgleichung einer Parabel bestimmen möchte, von der ich drei Punkte A(x/y), B(x/y) und C(x/y) kenne?

Aufgabe 1: *Die nach oben geöffnete, allgemeine Parabel f durchquert die Punkte A(2/-1), B(4/11) und C(-3/39). Eine weitere nach unten geöffnete, gestauchte Parabel p durchquert die Punkte D(1/-0,25), E(2/-0,5) und F(4/5,5). Bestimme die Funktionsgleichungen der Parabeln f und p.*

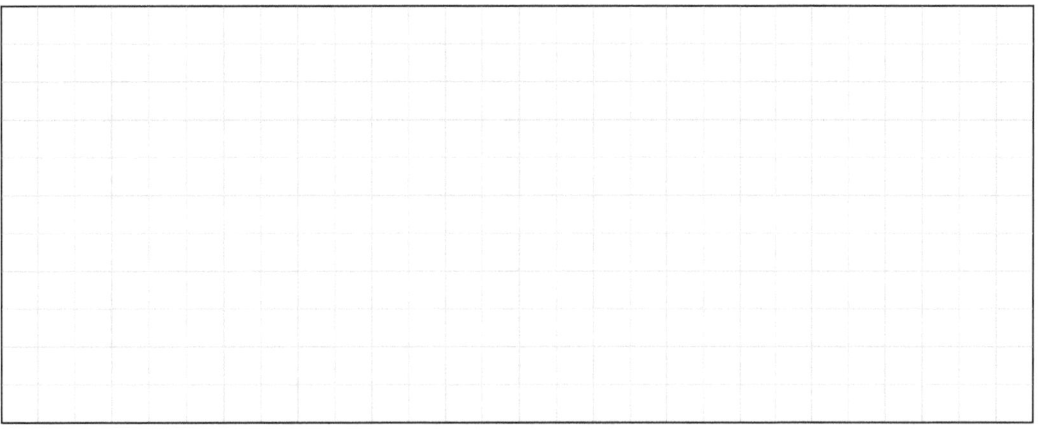

Aufgabe 2: *Das Schaubild zeigt den Ausschnitt einer Parabel dritten Grades, die durch den Ursprung geht und somit der allgemeinen Form $f(x) = ax^3 + bx^2 + cx$ entspricht. Bestimme die Funktionsgleichung rechnerisch.*

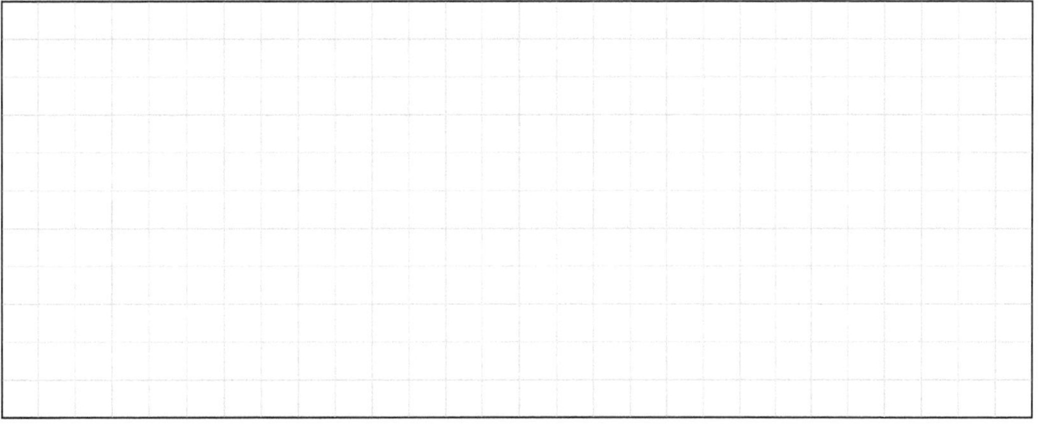

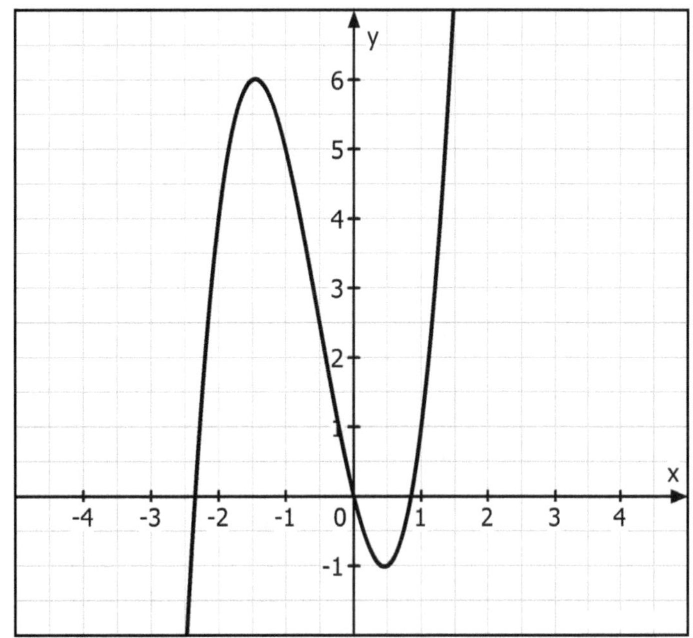

KOHL VERLAG Geraden & Parabeln *Was mache ich, wenn...?* - Bestell-Nr. 12 220

5. … ich die Funktionsgleichung einer Parabel bestimmen möchte, von der ich drei Punkte A(x/y), B(x/y) und C(x/y) kenne?

Aufgabe 1: *Die nach oben geöffnete, allgemeine Parabel f durchquert die Punkte A(2/-1), B(4/11) und C(-3/39). Eine weitere nach unten geöffnete, gestauchte Parabel p durchquert die Punkte D(1/-0,25), E(2/-0,5) und F(4/5,5). Bestimme die Funktionsgleichungen der Parabeln f und p.*

Funktion — Matrize

f(x):

$$\left[\begin{array}{ccc|c} 4 & 2 & 1 & -1 \\ 16 & 4 & 1 & 11 \\ 9 & -3 & 1 & 39 \end{array}\right]$$

p(x):

$$\left[\begin{array}{ccc|c} 1 & 1 & 1 & -0,25 \\ 4 & 2 & 1 & -0,5 \\ 16 & 4 & 1 & -5,5 \end{array}\right]$$

daraus folgt: $f(x) = 2x^2 - 6x + 3$ und $p(x) = -0,75x^2 + 2x - 1,5$

Aufgabe 2: *Das Schaubild zeigt den Ausschnitt einer Parabel dritten Grades, die durch den Ursprung geht und somit der allgemeinen Form $f(x) = ax^3 + bx^2 + cx$ entspricht. Bestimme die Funktionsgleichung rechnerisch.*

Aus dem Schaubild muss man drei Punkte entnehmen, die eindeutig sind. Hier gilt: A(1/1), B(-1/5) und C(-2/4).

Aus den Punkten A, B und C lässt sich folgende Matrize erstellen:

$ax^3 + bx^2 + cx = f(x)$

A(1/1), **B(-1/5)**, **C(-2/4)**:

$$\left[\begin{array}{ccc|c} 1 & 1 & 1 & -0,25 \\ 4 & 2 & 1 & -0,5 \\ 16 & 4 & 1 & -5,5 \end{array}\right]$$

daraus folgt: $f(x) = 2x^3 + 3x^2 - 4x$

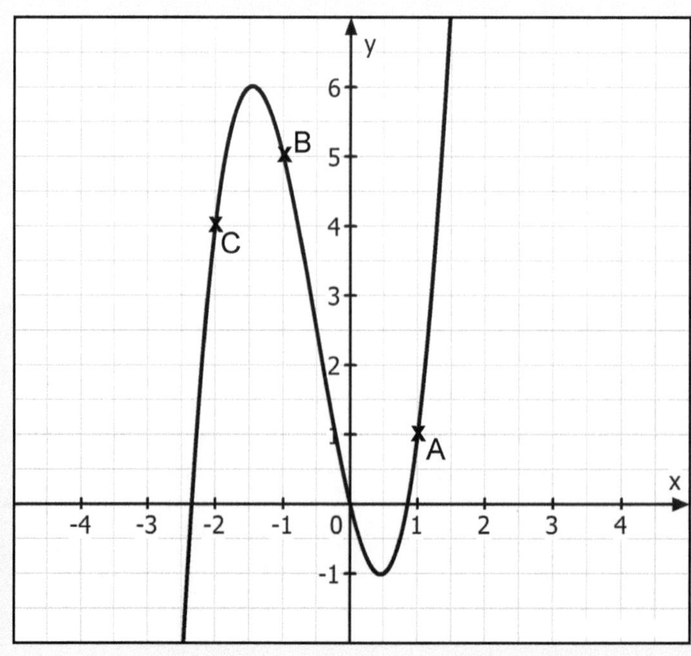

6. ... ich den Koeffizienten a einer allgemeinen Parabel mit Hilfe eines Schaubildes berechnen möchte?

Der Koeffizient **a** einer allgemeinen Parabel zeigt uns sowohl die Richtung der Öffnung (positiv ⇨ nach oben offen / negativ ⇨ nach unten offen), als auch die Öffnungsweite. Ein Koeffizient der größer als Null aber kleiner als 1 ist, steht für eine gestauchte, also breit geöffnete Parabel. Ist der Koeffizient größer als 1, dann liegt eine gestreckte Parabel vor, deren Öffnung enger als bei der Normalparabel ist.

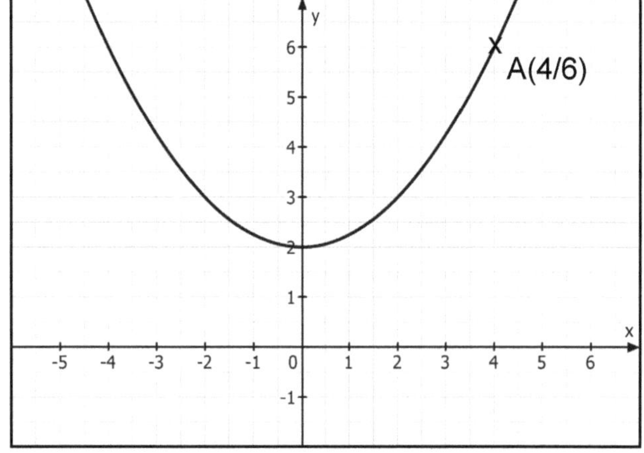

Beispiel 1: *Das Schaubild zeigt den Ausschnitt einer Parabel. Bestimme die Funktionsgleichung. Lies die nötigen Werte am Schaubild ab.*

Lösung: Im Schaubild kann man erkennen, dass die Parabel keine Verschiebung nach rechts/links zeigt. Der Scheitel liegt genau auf der y-Achse. Somit muss die Parabel der Form $f(x) = ax^2 + c$ entsprechen. Da der Koeffizient **c** stets den Schnittpunkt mit der y-Achse darstellt, ist c hier schnell als +2 identifiziert. Nun muss nur noch ein eindeutiger Punkt der Parabel abgelesen {hier A(4/6)} und gemeinsam mit c in die Gleichung eingesetzt werden.

$f(x) = ax^2 + c$	|einsetzen von c = 2 und A(4/6)
$6 = a \cdot 4^2 + 2$	|-2
$4 = 16 \cdot a$	|:16
$0{,}25 = a$	

Daraus folgt: $\mathbf{f(x) = 0{,}25x^2 + 2}$

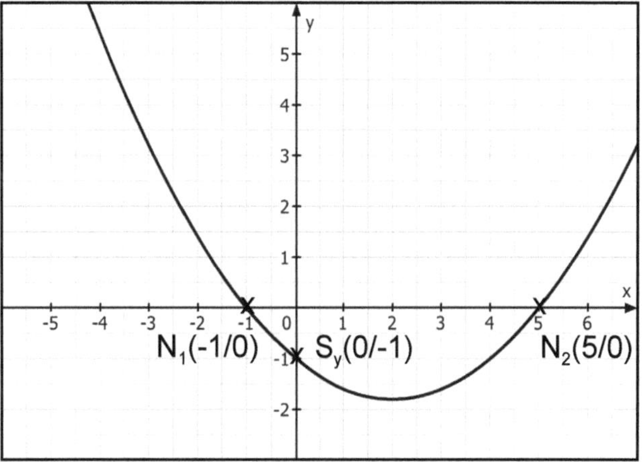

Beispiel 2: *Das Schaubild zeigt den Ausschnitt einer Parabel. Bestimme die Funktionsgleichung. Lies die nötigen Werte am Schaubild ab.*

Lösung: Im Schaubild sind die Nullstellen deutlich ablesbar. Somit bietet sich die **Produktform** als „Gleichungs-Schablone" an. Die Nullstellen $N_1(-1/0)$ und $N_2(5/0)$ werden in die Form $f(x) = a(x - x_1)(x - x_2)$ eingesetzt. Zur Bestimmung des Koeffizienten **a** wird nun noch ein eindeutig bestimmbarer Punkt benötigt {hier $S_y(0/-1)$}.

$f(x) = a(x - x_1)(x - x_2)$	|einsetzen von N_1 ($x_1 = -1$) und N_2 ($x_2 = +5$)
$f(x) = a(x + 1)(x - 5)$	|einsetzen von $Sy(\frac{0}{-1})$
$-1 = a(0 + 1)(0 - 5)$	
$-1 = a \cdot (-5)$	|:(-5)
$\mathbf{0{,}2 = a}$	

Daraus folgt: $\mathbf{f(x) = 0{,}2(x + 1)(x - 5)}$ oder $\mathbf{f(x) = 0{,}2x^2 - 0{,}8x - 1}$

KOHL VERLAG Geraden & Parabeln *Was mache ich, wenn...?* - Bestell-Nr. 12 220

6. ... ich den Koeffizienten a einer allgemeinen Parabel mit Hilfe eines Schaubildes berechnen möchte?

Aufgabe 1: *Bestimme die Funktionsgleichung der beiden allgemeinen Parabeln mithilfe des Schaubildes. Entnimm die nötigen Werte der Graphik.*

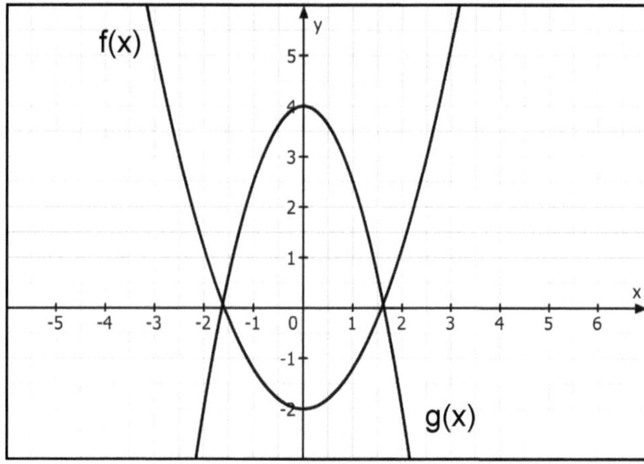

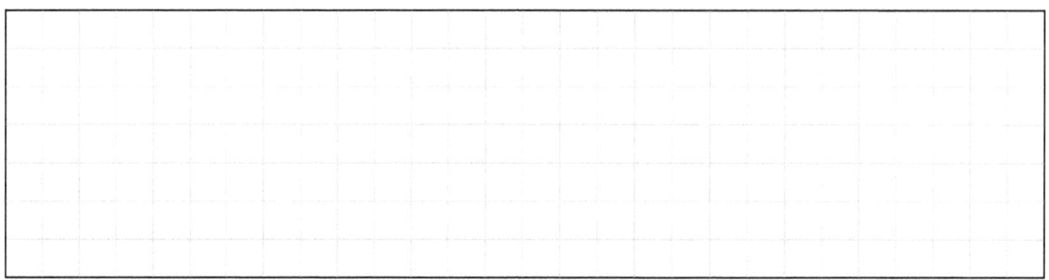

Aufgabe 2: *Bestimme die Funktionsgleichung der allgemeinen Parabel mithilfe des Schaubildes. Entnimm die nötigen Werte der Graphik.*

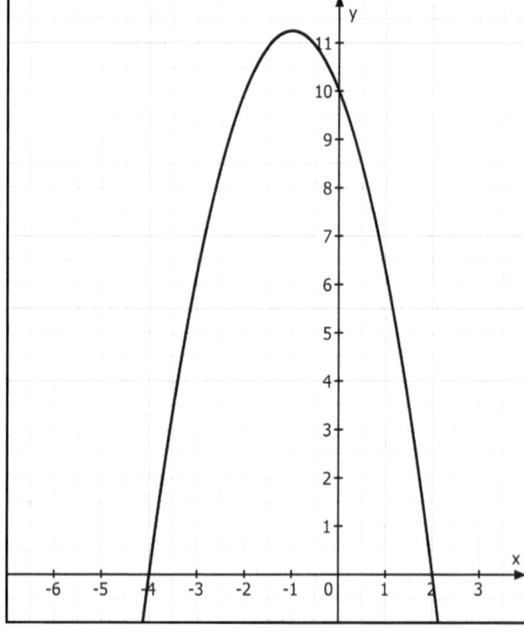

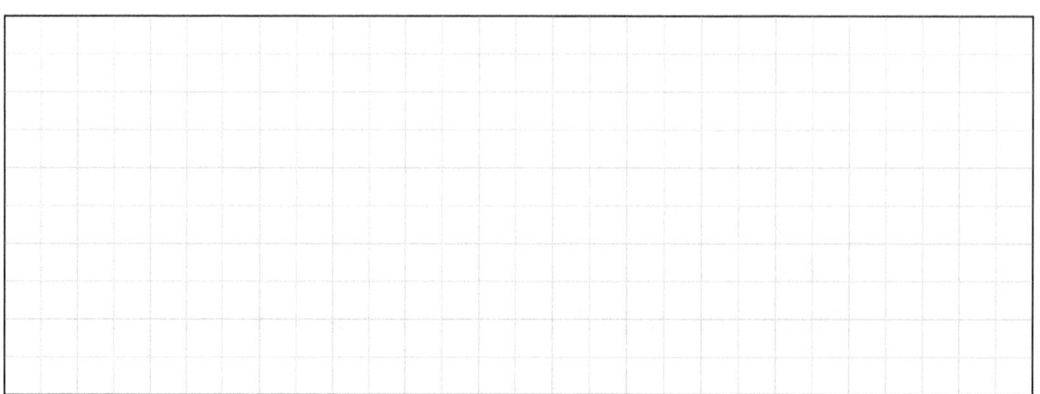

KOHL VERLAG Geraden & Parabeln Was mache ich wenn ...? • Bestell-Nr. 12 220

Seite 58

Lösung

6. … ich den Koeffizienten a einer allgemeinen Parabel mit Hilfe eines Schaubildes berechnen möchte?

Aufgabe 1: *Bestimme die Funktionsgleichung der beiden allgemeinen Parabeln mithilfe des Schaubildes. Entnimm die nötigen Werte der Graphik.*

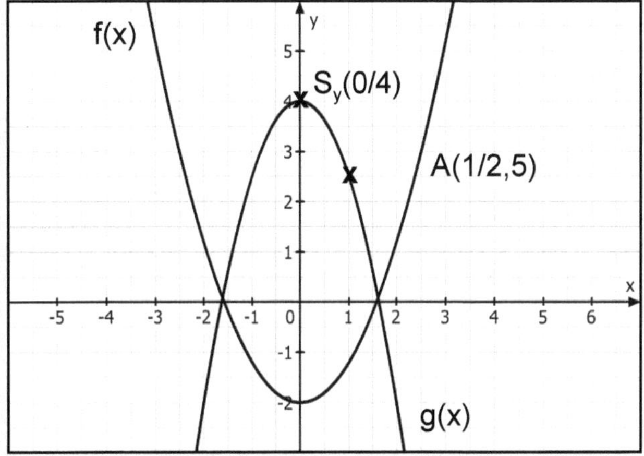

zu f(x): Wir können $S_y(0/4)$ sowie den Punkt A(1/2,5) ablesen.
Weitere Punkte wären natürlich ebenfalls möglich:

$f(x) = ax^2 + c$ |einsetzen von c = 4 und A(1/2,5)
$2{,}5 = a \cdot 1^2 + 4$ |-4
$-1{,}5 = 1 \cdot a$

Daraus folgt: $\mathbf{f(x) = -1{,}5x^2 + 4}$

Aufgabe 2: *Bestimme die Funktionsgleichung der allgemeinen Parabel mithilfe des Schaubildes. Entnimm die nötigen Werte der Graphik.*

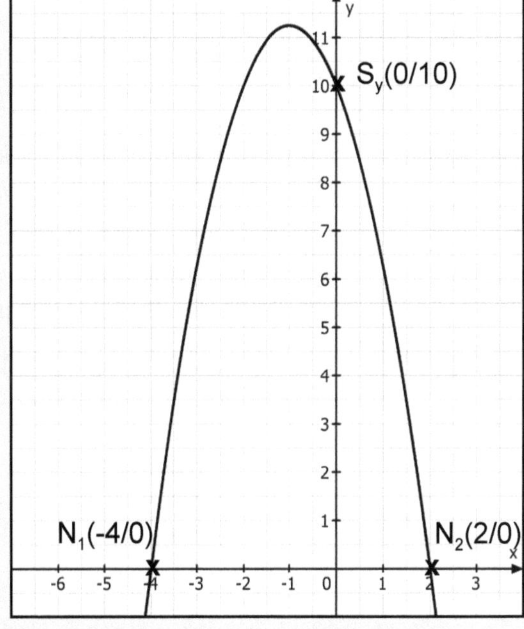

Aus der Graphik können die Nullstellen $N_1(-4/0)$ und $N_2(2/0)$ abgelesen werden. Zusätzlich wurde hier der Punkt $S_y(0/10)$ gewählt. Andere Punkte wären ebenfalls möglich:

$f(x) = a(x - x_1)(x - x_2)$ |einsetzen von N_1 ($x_1 = -4$) und N_2 ($x_2 = +2$)
$f(x) = a(x + 4)(x - 2)$ |einsetzen von $S_y(0/10)$
$10 = a(0 + 4)(0 - 2)$
$10 = a \cdot (-8)$ |:(-8)
$\mathbf{-1{,}25 = a}$

Daraus folgt: $\mathbf{f(x) = -1{,}25(x + 4)(x - 2)}$ oder $\mathbf{f(x) = -1{,}25x^2 - 2{,}5x + 10}$

KOHL VERLAG Geraden & Parabeln *Was mache ich, wenn…?* - Bestell-Nr. 12 220

7a. ... ich die Schnittpunkte mit den Koordinatenachsen berechnen möchte?

Diese Fragestellung klingt auf den ersten Blick sehr einfach, es gibt hier aber mehrere Möglichkeiten der Durchführung und somit auch einiges zu beachten. Zuerst sehen wir uns die folgenden drei Schaubilder an:

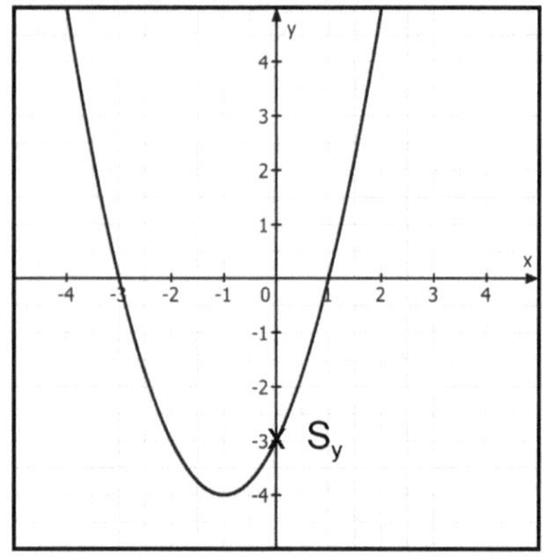

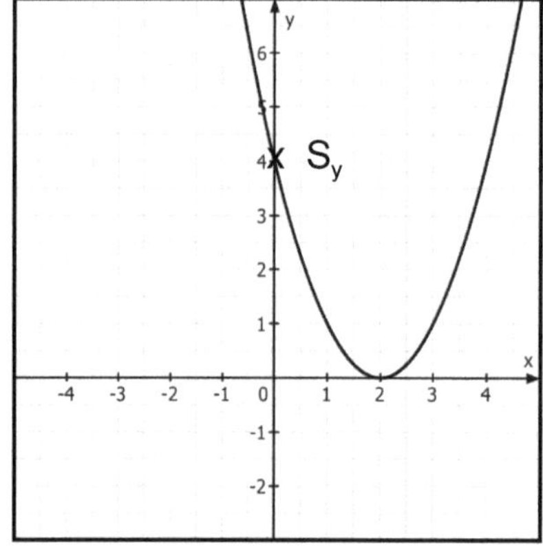

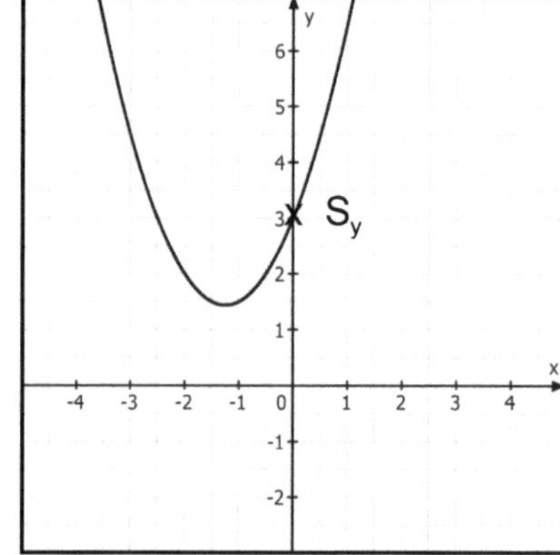

Parabeln können die **x-Achse** gar nicht, einmal oder zweimal schneiden. Von einer ***einfachen*** Nullstelle spricht man, wenn die Parabel die x-Achse berührt. Die **y-Achse** wird hingegen immer einmal geschnitten. Diesen Schnittpunkt kürzen wir mit S_y ab. Generell kann der Punkt S_y einfach an der Funktionsgleichung abgelesen werden, sofern sie in der Normalform vorliegt. Dann ist S_y stets der Wert aus der Gleichung, der ohne ein x vorkommt.

Zur Berechnung von S_y sollten wir uns zuerst eine Sache klar machen:

Welche x-Koordinate hat ein Punkt, der genau auf der y-Achse liegt?

Beispiel: *Bestimme den Schnittpunkt der Parabel $f(x) = x^2 + 3x - 2$ mit der y-Achse zuerst durch Logik. Überprüfe deine Überlegung per Rechnung.*

Lösung: Der Schnittpunkt S_y kann an der Funktionsgleichung abgelesen werden. Es ist immer der Wert, der ohne x vorkommt. Daher müsste das hier $S_y(0/-2)$ sein, denn bei $f(x) = x^2 + 3x - 2$ hat nur der Wert (-2) kein x "dabei".

Überprüfen: Die x-Koordinate am Punkt S_y muss immer Null (= 0) sein. Daher können wir auch in der Funktionsgleichung das x bzw. x^2 durch Null (0) ersetzen:

$$f(x) = x^2 + 3x - 2$$
$$f(0) = 0^2 + 3 \cdot 0 - 2$$
$$f(0) = -2$$

Daraus folgt: **$S_y(0/-2)$** ✓

7a. ... ich die Schnittpunkte mit den Koordinatenachsen berechnen möchte?

Zur Berechnung der **Nullstellen**, also der Schnittpunkte mit der **x-Achse**, gibt es mehrere Möglichkeiten. Häufig sind mehrere Methoden zielführend, sodass es der individuellen Vorliebe obliegt, welchen Weg man gehen möchte. Generell hängt der beste Weg aber von der vorliegenden Funktionsgleichung ab:

Beispiel 1: *Bestimme die Nullstellen der Parabel* ***$f(x) = x^2 + x - 6$.***

Lösung: Die Parabel steht in der Normalform und ist eine verschobene Normalparabel. Somit erscheint hier die **pq-Formel** sinnvoll:

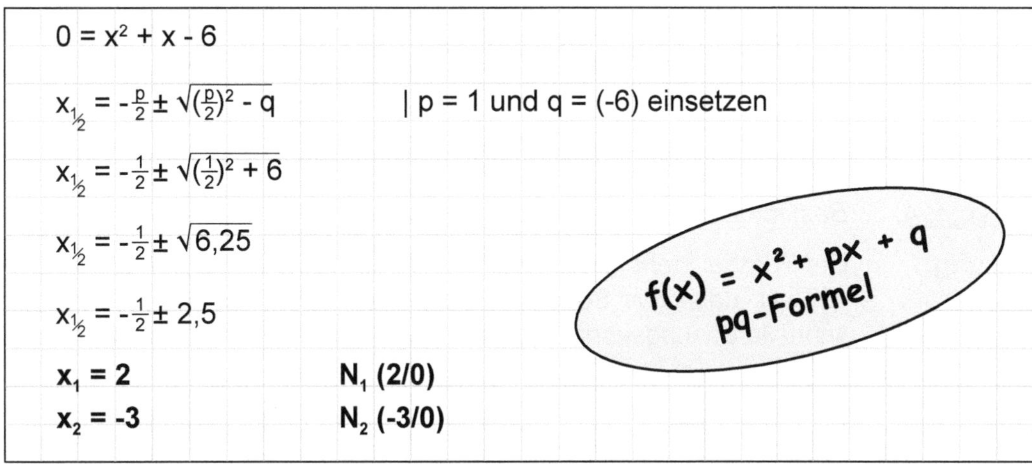

$0 = x^2 + x - 6$

$x_{1/2} = -\frac{p}{2} \pm \sqrt{(\frac{p}{2})^2 - q}$ | p = 1 und q = (-6) einsetzen

$x_{1/2} = -\frac{1}{2} \pm \sqrt{(\frac{1}{2})^2 + 6}$

$x_{1/2} = -\frac{1}{2} \pm \sqrt{6,25}$

$x_{1/2} = -\frac{1}{2} \pm 2,5$

$\mathbf{x_1 = 2}$ **N_1 (2/0)**

$\mathbf{x_2 = -3}$ **N_2 (-3/0)**

Beispiel 2: *Bestimme die Nullstellen der Parabel* ***$f(x) = 2x^2 + 6x - 20$.***

Lösung: Die Parabel steht in der Allgemeinform und ist eine verschobene, gestreckte Parabel. Somit erscheint hier die **abc-Formel** sinnvoll:

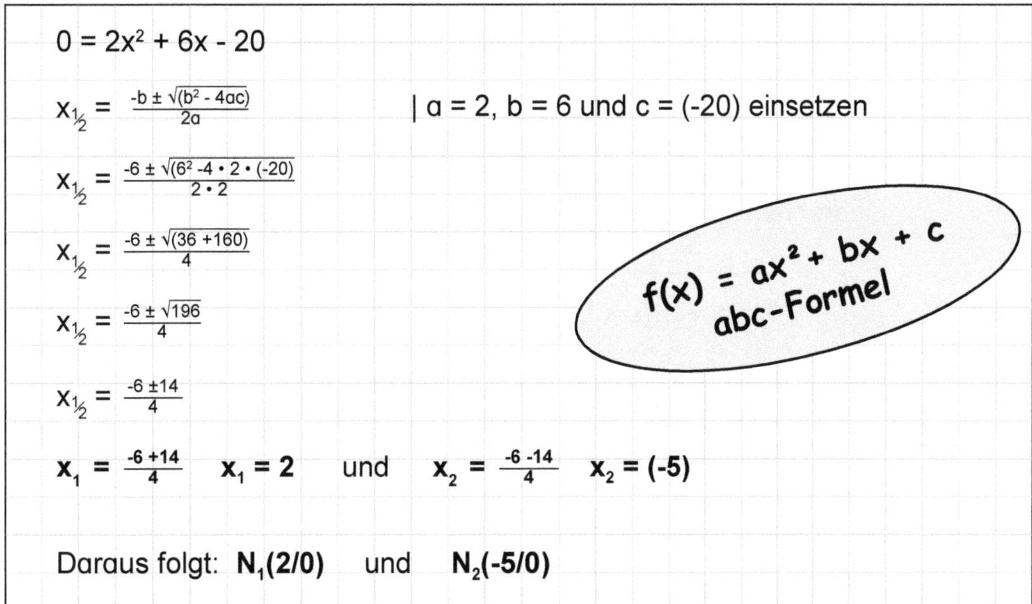

$0 = 2x^2 + 6x - 20$

$x_{1/2} = \frac{-b \pm \sqrt{(b^2 - 4ac)}}{2a}$ | a = 2, b = 6 und c = (-20) einsetzen

$x_{1/2} = \frac{-6 \pm \sqrt{(6^2 - 4 \cdot 2 \cdot (-20))}}{2 \cdot 2}$

$x_{1/2} = \frac{-6 \pm \sqrt{(36 + 160)}}{4}$

$x_{1/2} = \frac{-6 \pm \sqrt{196}}{4}$

$x_{1/2} = \frac{-6 \pm 14}{4}$

$\mathbf{x_1 = \frac{-6 + 14}{4}}$ $\mathbf{x_1 = 2}$ und $\mathbf{x_2 = \frac{-6 - 14}{4}}$ $\mathbf{x_2 = (-5)}$

Daraus folgt: **N_1(2/0)** und **N_2(-5/0)**

7a. ... ich die Schnittpunkte mit den Koordinatenachsen berechnen möchte?

Beispiel 3: *Bestimme die Nullstellen der Parabel* $f(x) = x^2 - 49$.

Lösung: Die Parabel steht in der reinquadratischen Form. Somit lösen wir die Gleichung durch Umstellen und **Wurzelziehen:**

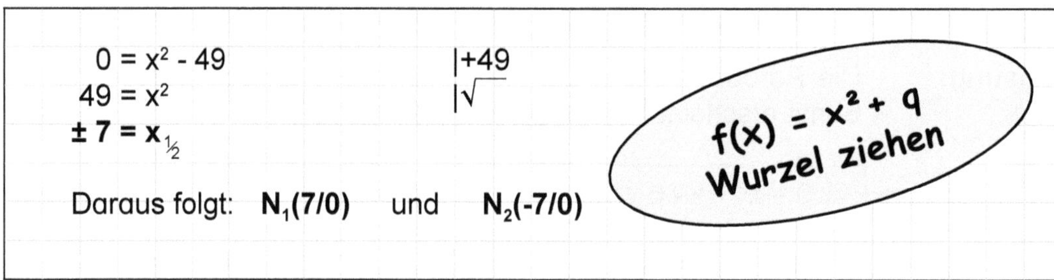

$0 = x^2 - 49 \quad |+49$

$49 = x^2 \quad |\sqrt{\ }$

$\pm 7 = x_{1/2}$

Daraus folgt: $N_1(7/0)$ und $N_2(-7/0)$

Beispiel 4: *Bestimme die Nullstellen der Parabel*

Lösung: Die Parabel steht in der Normalform, allerdings fehlt der absolute Term. Somit wissen wir, dass das Schaubild durch den Ursprung (0/0) geht. Hier bietet sich als schnelle Lösungsvariante die Anwendung des **Satzes vom Nullprodukt** an:

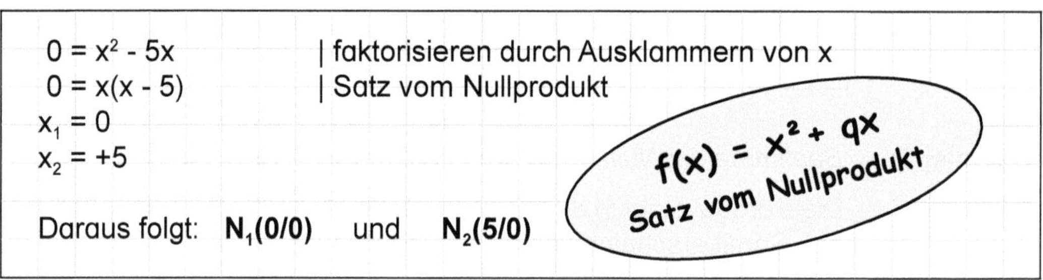

$0 = x^2 - 5x \quad$ | faktorisieren durch Ausklammern von x

$0 = x(x - 5) \quad$ | Satz vom Nullprodukt

$x_1 = 0$

$x_2 = +5$

Daraus folgt: $N_1(0/0)$ und $N_2(5/0)$

Beispiel 5: *Bestimme die Nullstellen der Parabel* $f(x) = (x + 3)(x - 7)$.

Lösung: Die Parabel steht in der **Produktform**. Diese Schreibweise zeigt direkt die Nullstellen an. Hierzu müssen lediglich die beiden Werte in den Klammern mit umgedrehtem Vorzeichen übernommen werden. Eine Berechnung ist nicht nötig.

$0 = (x + 3)(x - 7)$

Da die Werte (-3) und +7 die Klammern zu Null machen würden, sind hier die Nullstellen per Argumentation bestimmbar. Grundlage ist auch hier der Satz vom Nullprodukt.

Daraus folgt: $N_1(-3/0)$ und $N_2(7/0)$

$f(x) = (x - x_1)(x - x_2)$ Produktform

7a. ... ich die Schnittpunkte mit den Koordinatenachsen berechnen möchte?

Aufgabe: *Bestimme zu den angegebenen Funktionsgleichungen die Schnittpunkte mit den Koordinatenachsen.*

a) $f(x) = x^2 - 6{,}25$

b) $f(x) = (x - 2{,}5)(x + 1{,}5)$

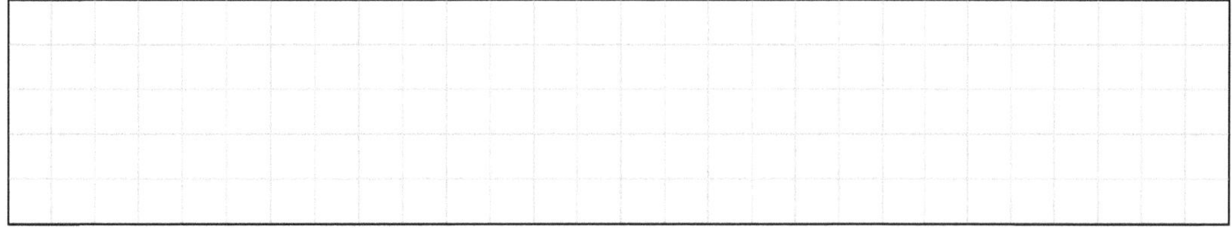

c) $f(x) = x^2 + 6x$

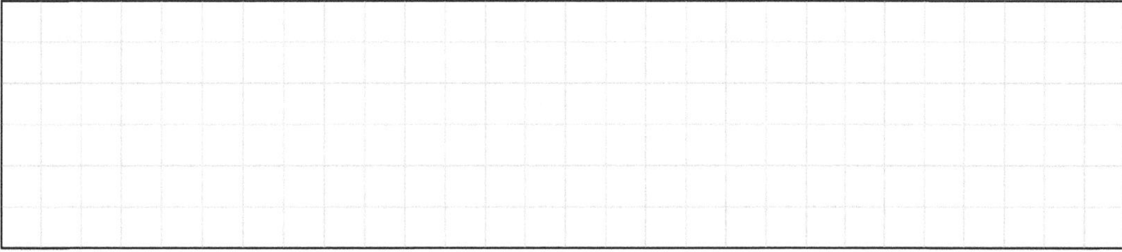

d) $f(x) = 1{,}5x^2 - 6x + 4{,}5$

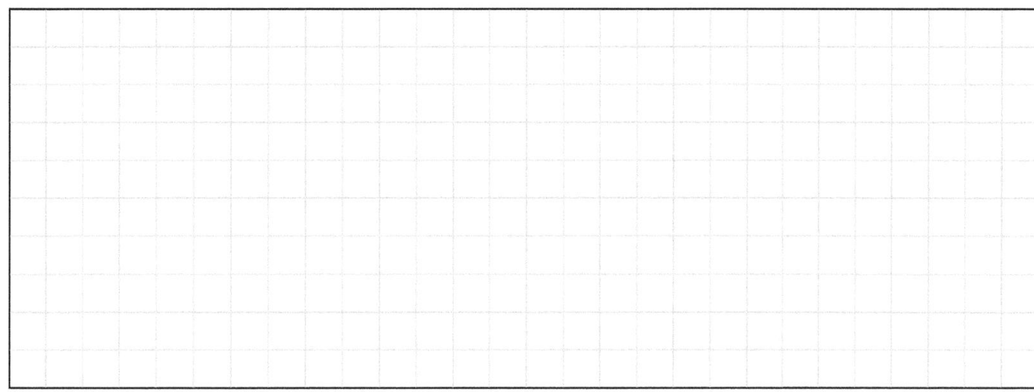

e) $f(x) = x^2 - 5x - 6$

KOHL VERLAG Geraden & Parabeln *Was mache ich, wenn...?* - Bestell-Nr. 12 220

7a. ... ich die Schnittpunkte mit den Koordinatenachsen berechnen möchte?

Aufgabe: *Bestimme zu den angegebenen Funktionsgleichungen die Schnittpunkte mit den Koordinatenachsen.*

a) $f(x) = x^2 - 6{,}25$

$0 = x^2 - 6{,}25 \quad |+6{,}25$
$6{,}25 = x^2 \quad |\sqrt{\ }$
$\pm 2{,}5 = x_{1/2}$

$f(x) = x^2 - 6{,}25$
$f(0) = 0^2 - 6{,}25$
$y = -6{,}25$

Daraus folgt: **$N_1(2{,}5/0)$** und **$N_2(-2{,}5/0)$** **$S_y(0/-6{,}25)$**

b) $f(x) = (x - 2{,}5)(x + 1{,}5)$

$0 = (x - 2{,}5)(x + 1{,}5)$
$x_1 = +2{,}5$
$x_2 = -1{,}5$

$f(x) = (x - 2{,}5)(x + 1{,}5)$
$f(0) = (0 - 2{,}5)(0 + 1{,}5)$
$y = -3{,}75$

Daraus folgt: **$N_1(2{,}5/0)$** und **$N_2(-1{,}5/0)$** **$S_y(0/-3{,}75)$**

c) $f(x) = x^2 + 6x$

$0 = x^2 + 6x$
$0 = x(x + 6)$
$x_1 = 0$
$x_2 = -6$

$f(x) = x^2 + 6x$
$f(0) = 0^2 + 6 \cdot 0$
$f(0) = 0$
$y = 0$

Daraus folgt: **$N_1(0/0)$** und **$N_2(-6/0)$** **$S_y(0/0)$**

d) $f(x) = 1{,}5x^2 - 6x + 4{,}5$

$x_{1/2} = \frac{-b \pm \sqrt{(b^2 - 4ac)}}{2a} \quad |$ a = 1,5, b = (-6) und c = 4,5 einsetzen

$x_{1/2} = \frac{-(-6) \pm \sqrt{(-6)^2 - 4 \cdot 1{,}5 \cdot 4{,}5)}}{2 \cdot 1{,}5}$

$x_{1/2} = \frac{+6 \pm \sqrt{(36 - 27)}}{3}$

$x_{1/2} = \frac{+6 \pm 3}{3}$

$x_1 = 1 \qquad x_2 = 3$

$f(x) = 1{,}5x^2 - 6x + 4{,}5$
$f(0) = 1{,}5 \cdot 0^2 - 6 \cdot 0 + 4{,}5$
$y = 4{,}5$

Daraus folgt: **$N_1(1/0)$** und **$N_2(3/0)$** **$S_y(0/4{,}5)$**

e) $f(x) = x^2 - 5x - 6$

$x_{1/2} = -\frac{p}{2} \pm \sqrt{(\frac{p}{2})^2 - q} \quad |$ p = (-5) und q = (-6) einsetzen

$x_{1/2} = -\frac{(-5)}{2} \pm \sqrt{(\frac{(-5)}{2})^2 - (-6)}$

$x_{1/2} = -\frac{5}{2} \pm \sqrt{6{,}25 + 6}$

$x_{1/2} = 2{,}5 \pm 3{,}5$

$x_1 = 6 \qquad x_2 = -1$

$f(x) = x^2 - 5x - 6$
$f(0) = f(0) = 0^2 - 5 \cdot 0 - 6$
$y = -6$

Daraus folgt: **$N_1(6/0)$** und **$N_2(-1/0)$** **$S_y(0/-6)$**

KOHL VERLAG Geraden & Parabeln – Was mache ich, wenn ...? – Bestell-Nr. 12 220

7b. ... ich den zweiten Schnittpunkt mit der x-Achse per Argumentation bestimmen möchte?

Da eine Parabel symmetrisch ist, kann eine fehlende Nullstelle per Argumentation bestimmt werden. Hierzu müssen eine Nullstelle sowie der Scheitelpunkt bekannt sein.

Beispiel: *Bestimme die fehlende Nullstelle. Entnimm die nötigen Angaben der Zeichnung.*

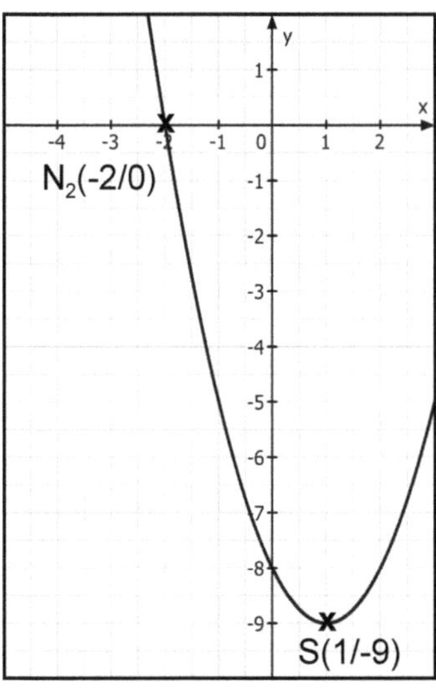

Lösung: Aus dem Schaubild lässt sich die Nullstelle $N_1(-2/0)$ sowie der Scheitel der Parabel mit S(1/-9) ablesen. Aufgrund der Symmetrie kann man nun auf die fehlende Nullstelle schließen:

Hierzu betrachten wir die x-Koordinaten von N_1 und S. N_1 ist auf der x-Achse genauso weit nach links von S_x entfernt, wie N_2 nach rechts.

Wir können also berechnen, dass N_1 vom Scheitelpunkt genau 3 LE entfernt ist, denn von x = +1 (Scheitel) bis x = -2 (N_1) sind es 3 LE. Nun müssen diese 3 LE nur noch nach rechts auf den x-Wert des Scheitels addiert werden. Somit muss N_2 bei x = 4 liegen.

Daraus folgt: **N_2(4/0)**

Aufgabe: *Bestimme bei beiden Parabeln die fehlende Nullstelle. Entnimm die nötigen Angaben der Zeichnung.*

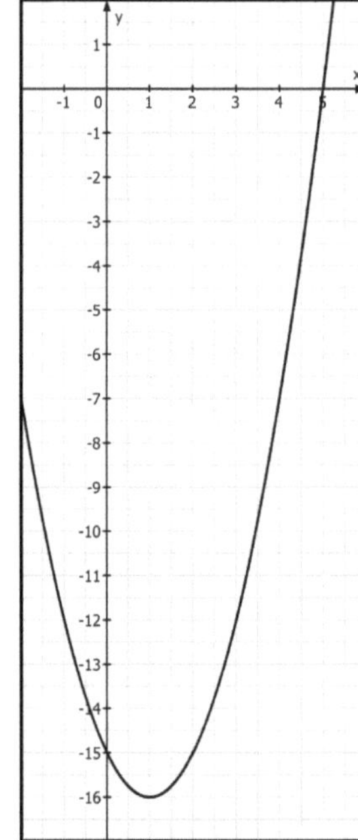

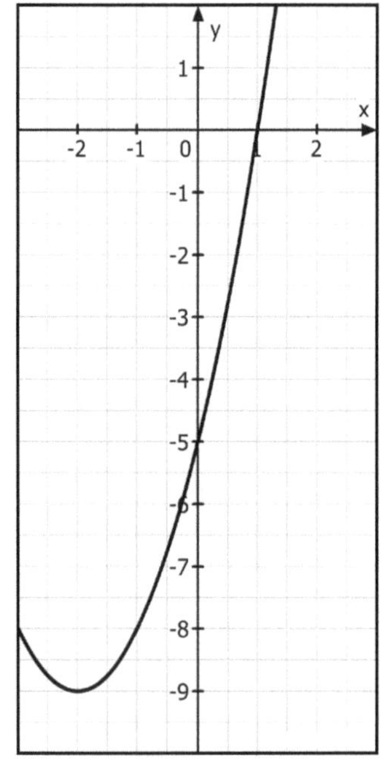

7b. … ich den zweiten Schnittpunkt mit der x-Achse per Argumentation bestimmen möchte?

Da eine Parabel symmetrisch ist, kann eine fehlende Nullstelle per Argumentation bestimmt werden. Hierzu müssen eine Nullstelle sowie der Scheitelpunkt bekannt sein.

Beispiel: *Bestimme die fehlende Nullstelle. Entnimm die nötigen Angaben der Zeichnung.*

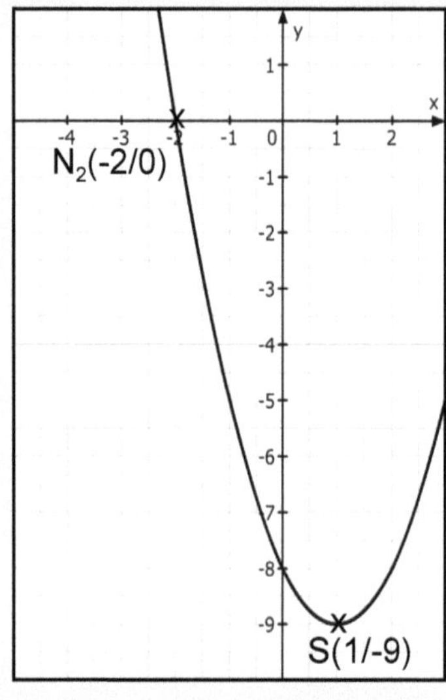

Lösung: Aus dem Schaubild lässt sich die Nullstelle $N_1(-2/0)$ sowie der Scheitel der Parabel mit S(1/-9) ablesen. Aufgrund der Symmetrie kann man nun auf die fehlende Nullstelle schließen:
Hierzu betrachten wir die x-Koordinaten von N_1 und S. N_1 ist auf der x-Achse genauso weit nach links von S_x entfernt, wie N_2 nach rechts.
Wir können also berechnen, dass N_1 vom Scheitelpunkt genau 3 LE entfernt ist, denn von x = +1 (Scheitel) bis x = -2 (N_1) sind es 3 LE. Nun müssen diese 3 LE nur noch nach rechts auf den x-Wert des Scheitels addiert werden. Somit muss N_2 bei x = 4 liegen.

Daraus folgt: **$N_2(4/0)$**

Aufgabe: *Bestimme bei beiden Parabeln die fehlende Nullstelle. Entnimm die nötigen Angaben der Zeichnung.*

$N_2(-3/0)$

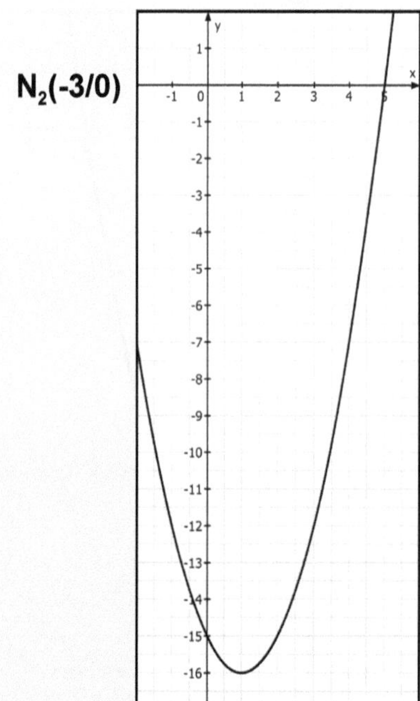

$N_2(-5/0)$

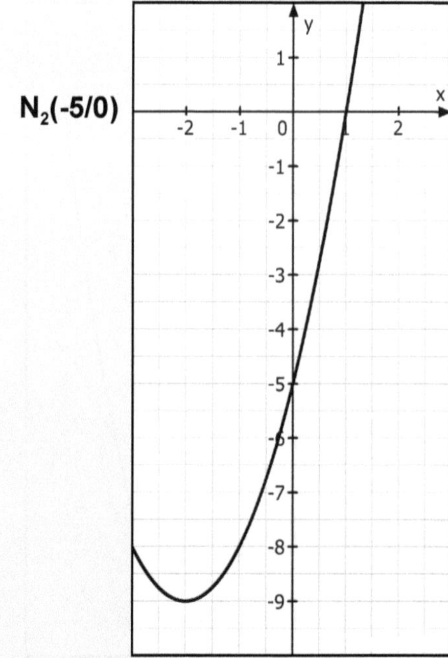

Geraden & Parabeln – Was mache ich wenn ...? – Bestell-Nr. 12 220
KOHL VERLAG

8. ... ich den Scheitelpunkt bestimmen möchte?

Zur Bestimmung des Scheitelpunktes gibt es verschiedene Möglichkeiten die, je nach Anforderung, angewandt werden können.

Beispiel 1: *Bestimme den Scheitelpunkt der Normalparabel $f(x) = x^2 - 2x - 3$.*

Lösung: Zur Bestimmung des Scheitels einer Parabel muss die Funktionsgleichung in die Scheitelform $f(x) = (x - d)^2 + c$ überführt werden. Der Weg von der Normalform zur Scheitelform führt über die **quadratische Ergänzung:**

$f(x) = x^2 - 2x - 3$ |wir ergänzen $\pm (\frac{p}{2})^2$

$f(x) = x^2 - 2x + (\frac{p}{2})^2 - 3 - (\frac{p}{2})^2$

$f(x) = x^2 - 2x + (\frac{2}{2})^2 - 3 - (\frac{2}{2})^2$

$\mathbf{f(x) = (x - 1)^2 - 4}$ ⇨ **Scheitel S(+1/-4)**

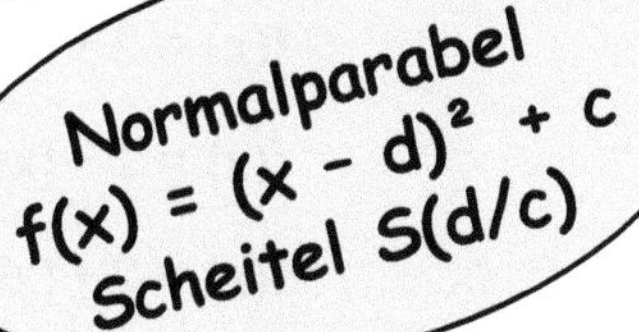

Achtung: Beim Übertragen der Werte darauf achten, dass sich das Vorzeichen des Wertes in der Klammer dreht!

Alternative: Wir können auch die Beschreibung des Scheitelpunktes $S(-\frac{p}{2}\,/\,\mathbf{q - \frac{p^2}{4}})$ nehmen und die Werte p = (-2) und q = (-3) direkt einsetzen:

$\mathbf{S(\frac{-p}{2}\,/\,q - \frac{p^2}{4})}$ | einsetzen von p = (-2) und q = (-3)

$S(-\frac{(-2)}{2}\,/\,(-3) - \frac{(-2)^2}{4})$

S(+1/-4)

Alternative: Wir können auch die Scheitelform $\mathbf{f(x) = (x + \frac{p}{2})^2 + (q - \frac{p^2}{4})}$ nehmen und die Werte für p und q direkt einsetzen:

$\mathbf{f(x) = (x + \frac{p}{2})^2 + (q - \frac{p^2}{4})}$ | einsetzen von p = (-2) und q = (-3)

$f(x) = (x + \frac{(-2)}{2})^2 + ((-3) - \frac{(-2)^2}{4})$

$f(x) = (x - 1)^2 - 4$ ⇨ **Scheitel S(+1/-4)**

8. ... ich den Scheitelpunkt bestimmen möchte?

Beispiel 2: *Bestimme den Scheitelpunkt der allgemeinen Parabel* ***f(x) = 2x² - 4x - 6.***

Lösung: Zur Bestimmung des Scheitels einer allgemeinen Parabel muss zuerst der Koeffizient **a** ausgeklammert werden. Danach kann ebenfalls quadratisch ergänzt werden:

$f(x) = 2x^2 - 4x - 6$ | ausklammern des Koeffizienten a = 2

$f(x) = 2 \cdot (x^2 - 2x - 3)$ | quadratische Ergänzung bei $(x^2 - 2x - 3)$

$f(x) = 2 \cdot \{x^2 - 2x + (\frac{p}{2})^2 - 3 - (\frac{p}{2})^2\}$

$f(x) = 2 \cdot \{x^2 - 2x + (\frac{p}{2})^2 - 3 - (\frac{p}{2})^2\}$

$f(x) = 2 \cdot \{x^2 - 2x + (\frac{2}{2})^2 - 3 - (\frac{2}{2})^2\}$

$f(x) = 2 \cdot \{(x - 1)^2 - 4\}$

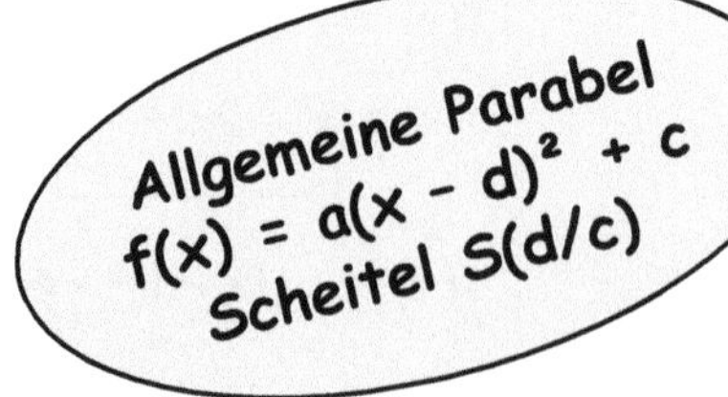

Daraus folgt: $\mathbf{f(x) = 2(x - 1)^2 - 8}$ und **Scheitel S(+1/-8)**

Alternative: Wir können auch die Definition des Scheitelpunktes $S(\frac{-b}{2a} / -\frac{b^2 - 4ac}{4a})$ nehmen und die Werte a = 2, b = (-4) und c = (-6) direkt einsetzen:

$\mathbf{S(\frac{-b}{2a} / -\frac{b^2 - 4ac}{4a})}$ | einsetzen von a = 2, b = (-4) und c = (-6)

$\mathbf{S(-\frac{(-4)}{2 \cdot 2} / -\frac{(-4)^2 - 4 \cdot 2 \cdot (-6)}{4 \cdot 2})}$

S(+1/-8)

Alternative: Wir können auch die Scheitelform $\mathbf{f(x) = a(x + \frac{b}{2a})^2 - \frac{b^2 - 4ac}{4a}}$ nehmen und die Werte für a, b und c direkt einsetzen:

$\mathbf{f(x) = a(x + \frac{b}{2a})^2 - \frac{b^2 - 4ac}{4a}}$ | einsetzen von a = 2, b = (-4) und c = (-6)

$f(x) = 2 \cdot (x + \frac{(-4)}{2 \cdot 2})^2 - \frac{(-4)^2 - 4 \cdot 2 \cdot (-6)}{4 \cdot 2}$

Daraus folgt: $\mathbf{f(x) = 2(x - 1)^2 - 8}$ und **Scheitel S(+1/-8)**

8. ... ich den Scheitelpunkt bestimmen möchte?

Beispiel 3: *Das Schaubild zeigt den Ausschnitt einer Normalparabel. Bestimme den Scheitelpunkt mit Hilfe der Werte aus der Graphik.*

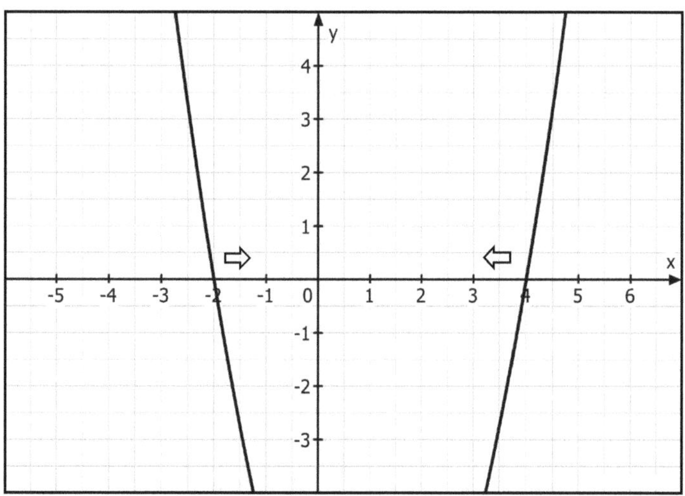

Lösung: Aufgrund der Symmetrie reicht es, wenn die Nullstellen eindeutig ablesbar sind. Nun muss nur noch die „Mitte" zwischen den beiden x-Werten der Nullstellen bestimmt werden. Der so ermittelte Wert wird in die Produktform eingesetzt

1. Produktform aufgrund der Nullstellen: $f(x) = (x - 4)(x + 2)$
2. Die „Mitte" zwischen $x_1 = 4$ und $x_2 = (-2)$ ermitteln: $S_x = 1$
3. Einsetzen von $S_x = 1$ in die Produktform und ausrechnen:

$f(x) = (x - 4)(x + 2)$

$f(1) = (1 - 4)(1 + 2)$

$y = -9$ Scheitel (1/-9)

Beispiel 4: *Bestimme den Scheitelpunkt der Normalparabel $f(x) = x^2 - x - 2$ mithilfe der Nullstellen.*

Lösung: Mit der pq-Formel können die Nullstellen bestimmt werden. Nun muss nur noch die „Mitte" zwischen den beiden x-Werten der Nullstellen bestimmt werden. Der so ermittelte Wert wird in die Funktionsgleichung f eingesetzt.

$N_1(2/0)$ und $N_2(-1/0)$ führt zum Scheitel S(0,5/-2,25)

Übersicht zu den unterschiedlichen Wegen

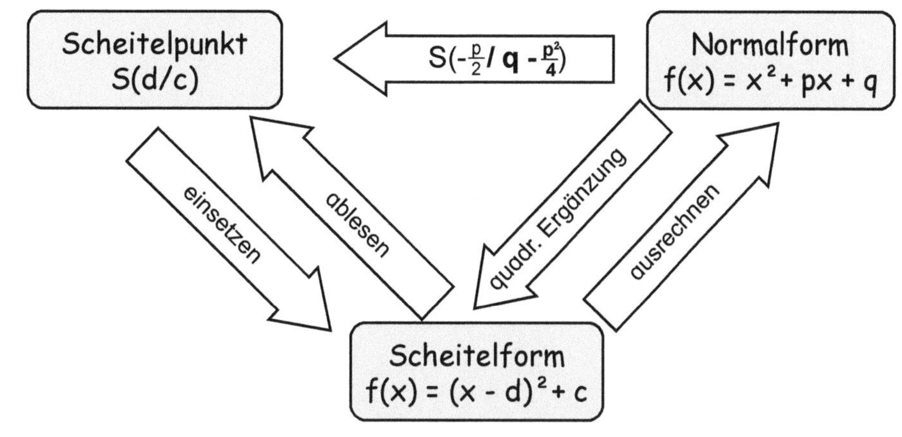

KOHL VERLAG Geraden & Parabeln *Was mache ich, wenn...?* - Bestell-Nr. 12 220

8. ... ich den Scheitelpunkt bestimmen möchte?

Aufgabe 1: *Bestimme jeweils den Scheitelpunkt.*

a) $f(x) = x^2 + 3$

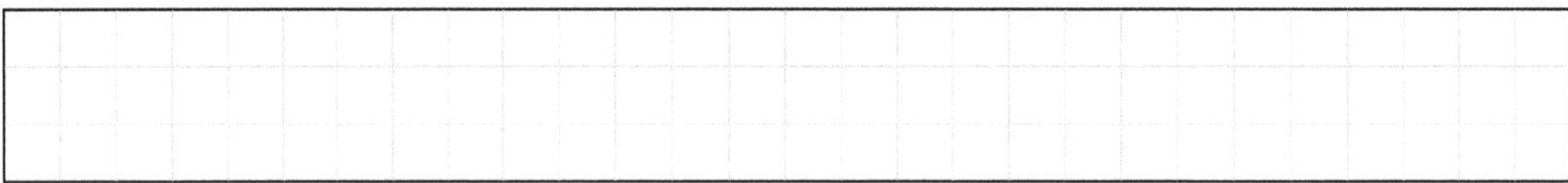

b) $f(x) = x^2 - 2x - 2$

c) $f(x) = 3x^2 + 6x - 4$

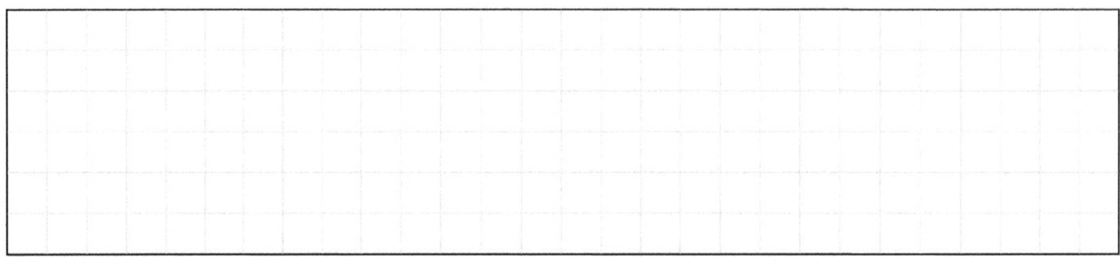

d) $f(x) = 6(x - 1{,}5)^2 + 3{,}5$

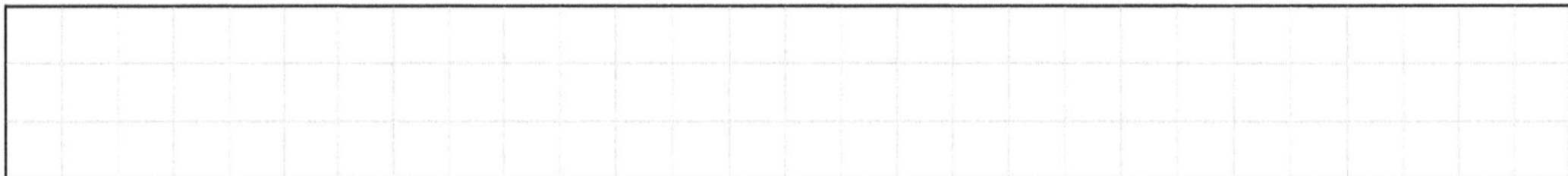

e) $f(x) = (x - 7)(x + 2)$

Aufgabe 2: *Bestimme den Scheitel der Parabel $f(x) = -x^2 + 4x + 5$ mithilfe der Nullstellen aus dem Schaubild.*

b) *Zeichne die Achsen des KOS so ein, dass die Parabel der Funktion $f(x)=x^2 + 3x - 4$ entspricht. Gib den Scheitelpunkt an.*

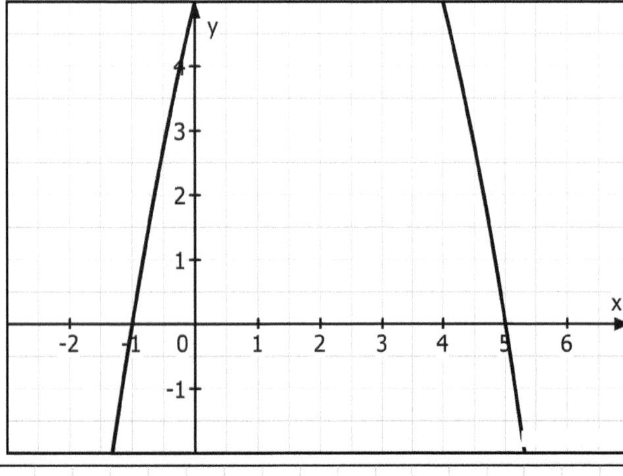

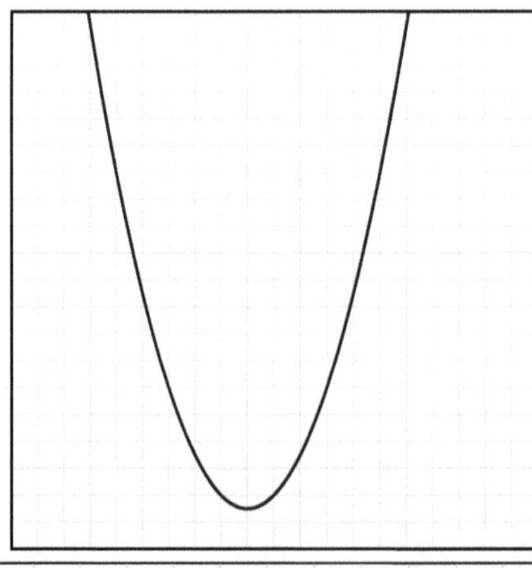

Geraden & Parabeln – Was mache ich, wenn...? – Bestell-Nr. 12 220 – KOHL VERLAG

8. … ich den Scheitelpunkt bestimmen möchte?

Aufgabe 1: *Bestimme jeweils den Scheitelpunkt.*

a) $\mathbf{f(x) = x^2 + 3}$

Da die Parabel den Term px nicht hat, liegt keine waagerechte Verschiebung vor. Der Scheitel liegt auf der y-Achse bei +3. S(0/3)

b) $\mathbf{f(x) = x^2 - 2x - 2}$

$f(x) = x^2 - 2x + 1^2 - 2 - 1^2$ | quadratische Ergänzung
$f(x) = (x - 1)^2 - 3$ S(+1/-3)

c) $\mathbf{f(x) = 3x^2 + 6x - 4}$

$f(x) = 3x^2 + 6x - 4$ |3 ausklammern
$f(x) = 3\cdot(x^2 + 2x - \frac{4}{3})$ | quadratische Ergänzung
$f(x) = 3\cdot(x^2 + 2x + 1^2 - \frac{4}{3} - 1^2)$
$f(x) = 3\cdot((x + 1)^2 - \frac{7}{3})$
$f(x) = 3\cdot(x + 1)^2 - 7$ S(-1/-7)

d) $\mathbf{f(x) = 6(x - 1{,}5)^2 + 3{,}5}$

Hier muss nichts gerechnet werden. Hier müssen nur die Koordinaten aus der angegebenen Scheitelform eingesetzt werden. Daraus folgt: S(1,5/3,5)

e) $\mathbf{f(x) = (x - 7)(x + 2)}$

Die Mitte zwischen +7 und -2 liegt bei x = 2,5. Diesen Wert eingesetzt in f(x) ergibt: $f(2{,}5) = (2{,}5 - 7)(2{,}5 + 2)$
$y = -20{,}25$ Daraus folgt: S(2,5/-20,25)

Aufgabe 2: *a) Bestimme den Scheitel der Parabel $f(x) = -x^2 + 4x + 5$ mithilfe der Nullstellen aus dem Schaubild.*

b) Zeichne die Achsen des KOS so ein, dass die Parabel der Funktion $f(x)=x^2 + 3x - 4$ entspricht. Gib den Scheitelpunkt an.

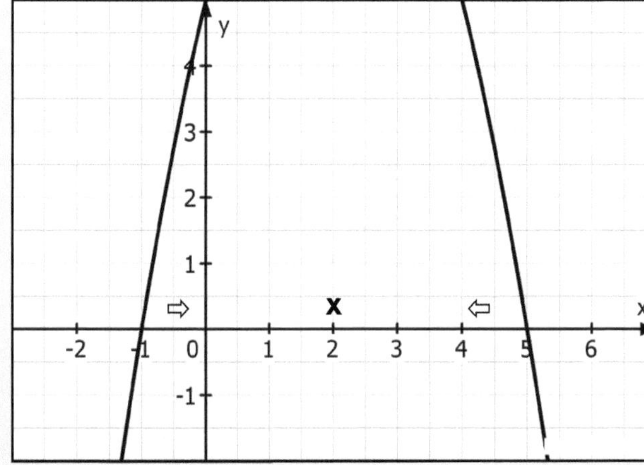

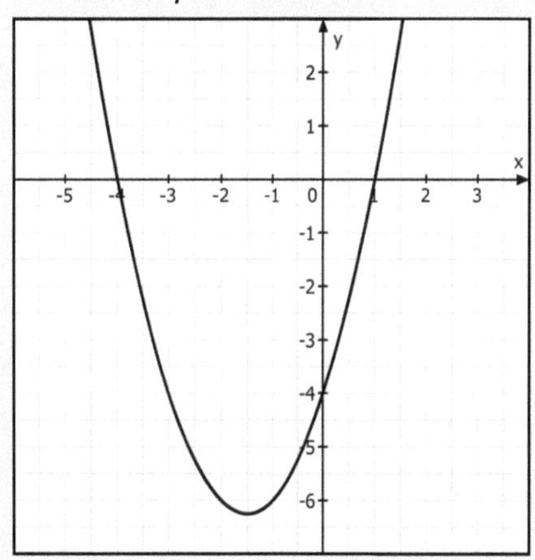

Die Mitte zwischen den Nullstellen N_1 und N_2 liegt bei x = 2.
$f(2) = -2^2 + 4 \cdot 2 + 5$
$y = 9$ S(2/9)

Nun kann man ablesen, dass der Scheitel bei S(-1,5/-6,25) liegt.

Geraden & Parabeln
Was mache ich, wenn...? - Bestell-Nr. 12 220
KOHL VERLAG

9. ... ich eine Parabel einzeichnen möchte?

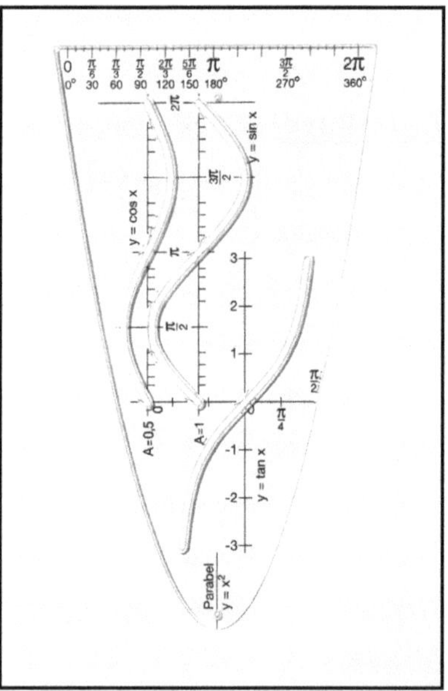

Zum Einzeichnen einer **Normalparabel** steht uns die Parabelschablone zur Verfügung. Mit Hilfe dieser Schablone lassen sich alle Parabeln in der Form **$f(x) = x^2 + px + q$** einzeichnen. Hierzu wird einfach der Scheitelpunkt bestimmt. Dieser Punkt wird im KOS markiert und an diesen Punkt wird die Schablone angelegt. Bei positivem x^2 ist die Parabel nach oben offen, bei negativem x^2 muss die Schablone nach unten gedreht werden.

Beispiel 1: *Zeichne die Normalparabel mit $f(x) = x^2 - 2x - 3$ in ein geeignetes KOS.*

Lösung: Wir berechnen den Scheitelpunkt mit der quadratischen Ergänzung:

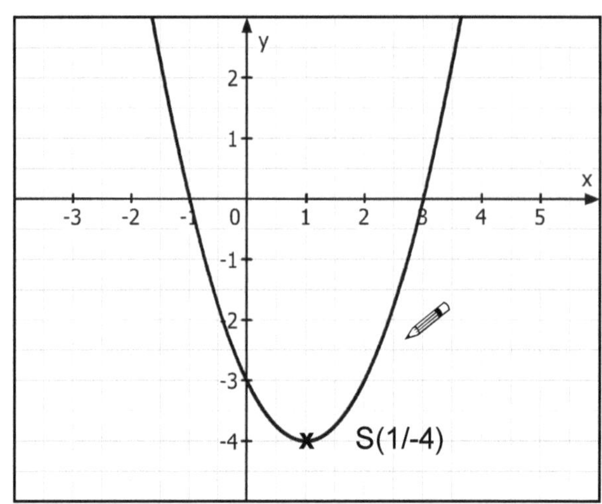

$f(x) = x^2 - 2x - 3$
$f(x) = x^2 - 2x + 1^2 - 3 - 1^2$
$f(x) = (x - 1)^2 - 4$
S(+1/-4)

Diesen Punkt im KOS markieren, Schablone nach oben offen an den Punkt anlegen, korrekt ausrichten und zeichnen. Fertig!

Bei **allgemeinen Parabeln** der Form **$f(x) = ax^2 + bx + c$** kann die Schablone nicht verwendet werden, denn der Koeffizient **a** hat Auswirkungen auf den Öffnungswinkel der Parabel. Der sicherste Weg zum Zeichnen einer allgemeinen Parabel ist das Anlegen einer Wertetabelle. Die Werte aus der Tabelle werden dann ins KOS eingetragen und „frei Hand" – möglichst in einem Zug – miteinander verbunden. Das Zeichnen einer allgemeinen Parabel erfordert etwas Übung.

Beispiel 2: *Zeichne die Parabel mit $f(x) = 0{,}5x^2 + 3x - 1$ in ein geeignetes KOS.*

Lösung: Anlegen einer Wertetabelle:

x	-7	-6	-5	-4	-3	-2	-1	0	1
f(x)	2,5	-1	-3,5	-5	-5,5	-5	-3,5	-1	2,5

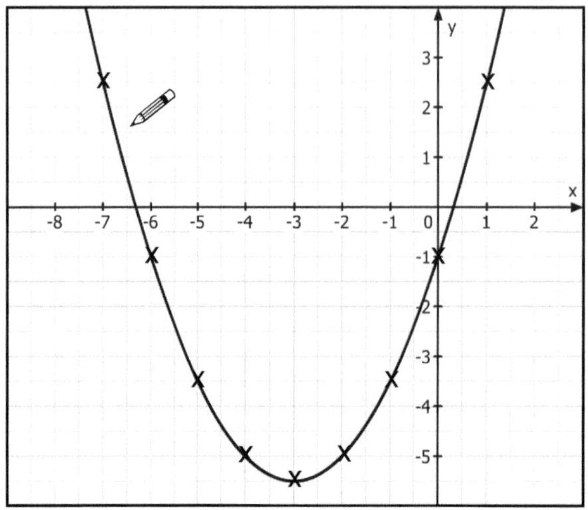

9. ... ich eine Parabel einzeichnen möchte?

Aufgabe 1: *Zeichne die beiden Parabeln f und p in das KOS ein.*
$f(x) = x^2 + 6x + 2$ und $p(x) = -x^2 + 6x - 3$

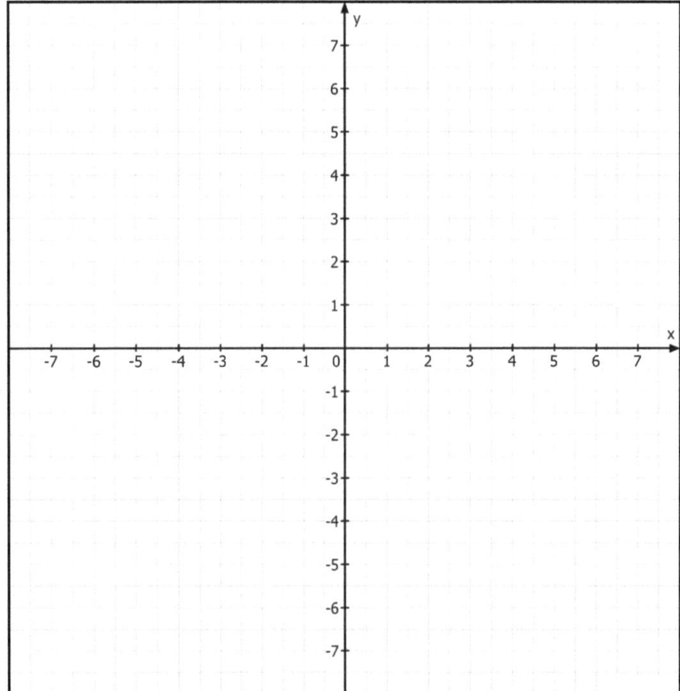

Aufgabe 2: *Fülle die Wertetabellen für die Parabeln f und p aus und zeichne die beiden Parabeln in das KOS ein. Kennzeichne den Scheitel in der Zeichnung und in der Tabelle.*

$f(x) = 0,5x^2 + 4x + 1,5$
und $p(x) = -2x^2 + 8x - 5$

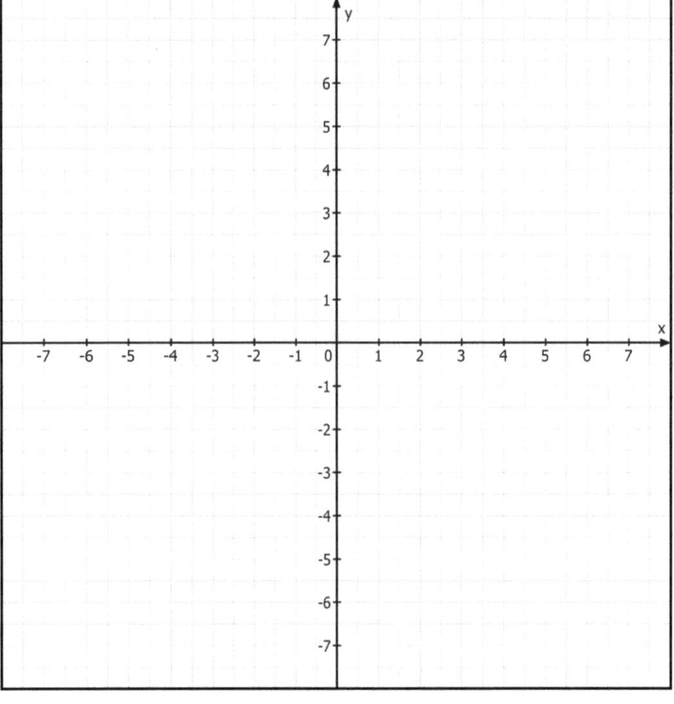

x	-7	-6	-5	-4	-3	-2	-1	0	1
f(x)									

x	0	0,5	1	1,5	2	2,5	3	3,5	4
p(x)									

Geraden & Parabeln *Was mache ich, wenn...?* - Bestell-Nr. 12 220
KOHL VERLAG

Teil 3: Quadratische Funktionen

9. ... ich eine Parabel einzeichnen möchte?

Aufgabe 1: *Zeichne die beiden Parabeln f und p in das KOS ein.*
$f(x) = x^2 + 6x + 2$ und $p(x) = -x^2 + 6x - 3$

Mit Hilfe der quadratischen Ergänzung lassen sich die Scheitelpunkte der beiden Parabeln bestimmen:

f(x): S(-3/-7)
p(x): S(3/6)

Diese Punkte werden im KOS markiert. Mit der Schablone kann nun eine Normalparabel eingezeichnet werden.

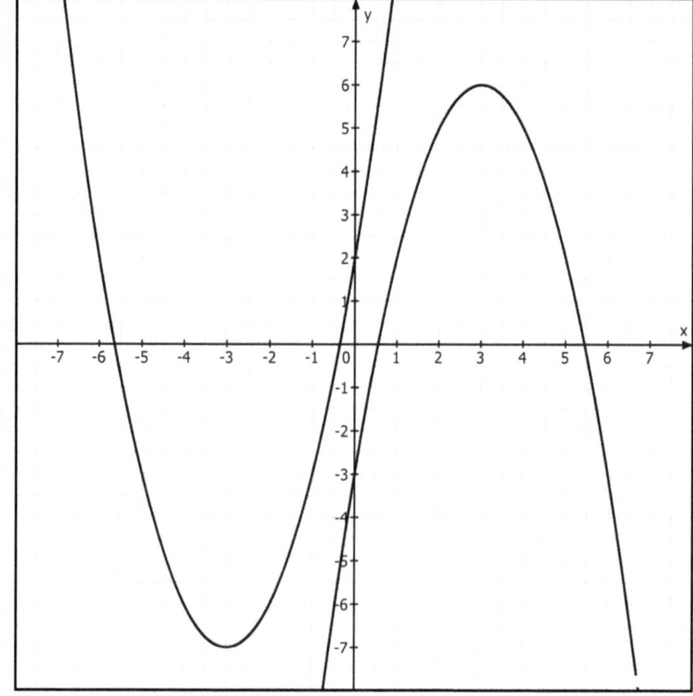

Aufgabe 2: *Fülle die Wertetabellen für die Parabeln f und p aus und zeichne die beiden Parabeln in das KOS ein. Kennzeichne den Scheitel in der Zeichnung und in der Tabelle.*

$f(x) = 0,5x^2 + 4x + 1,5$
und $p(x) = -2x^2 + 8x - 5$

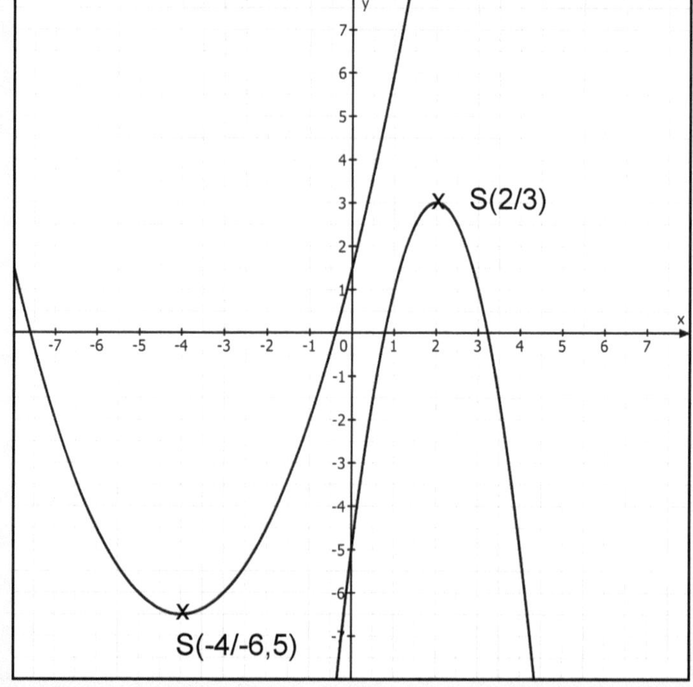

x	-7	-6	-5	-4	-3	-2	-1	0	1
f(x)	-2	-4,5	-6	-6,5	-6	-4,5	-2	1,5	6

x	0	0,5	1	1,5	2	2,5	3	3,5	4
p(x)	-5	-1,5	1	2,5	3	2,5	1	-1,5	-5

KOHL VERLAG
Geraden & Parabeln

10a. ... ich die Funktionsgleichung aus dem Schaubild ablesen will?

Hier gibt es <u>mehrere</u> Möglichkeiten. Die geeignetste Methode hängt in erster Linie von der eingezeichneten Parabel ab. Aber worauf muss ich achten?

Welche Informationen muss ich aus einem Schaubild entnehmen, um die Funktionsgleichung bestimmen zu können?

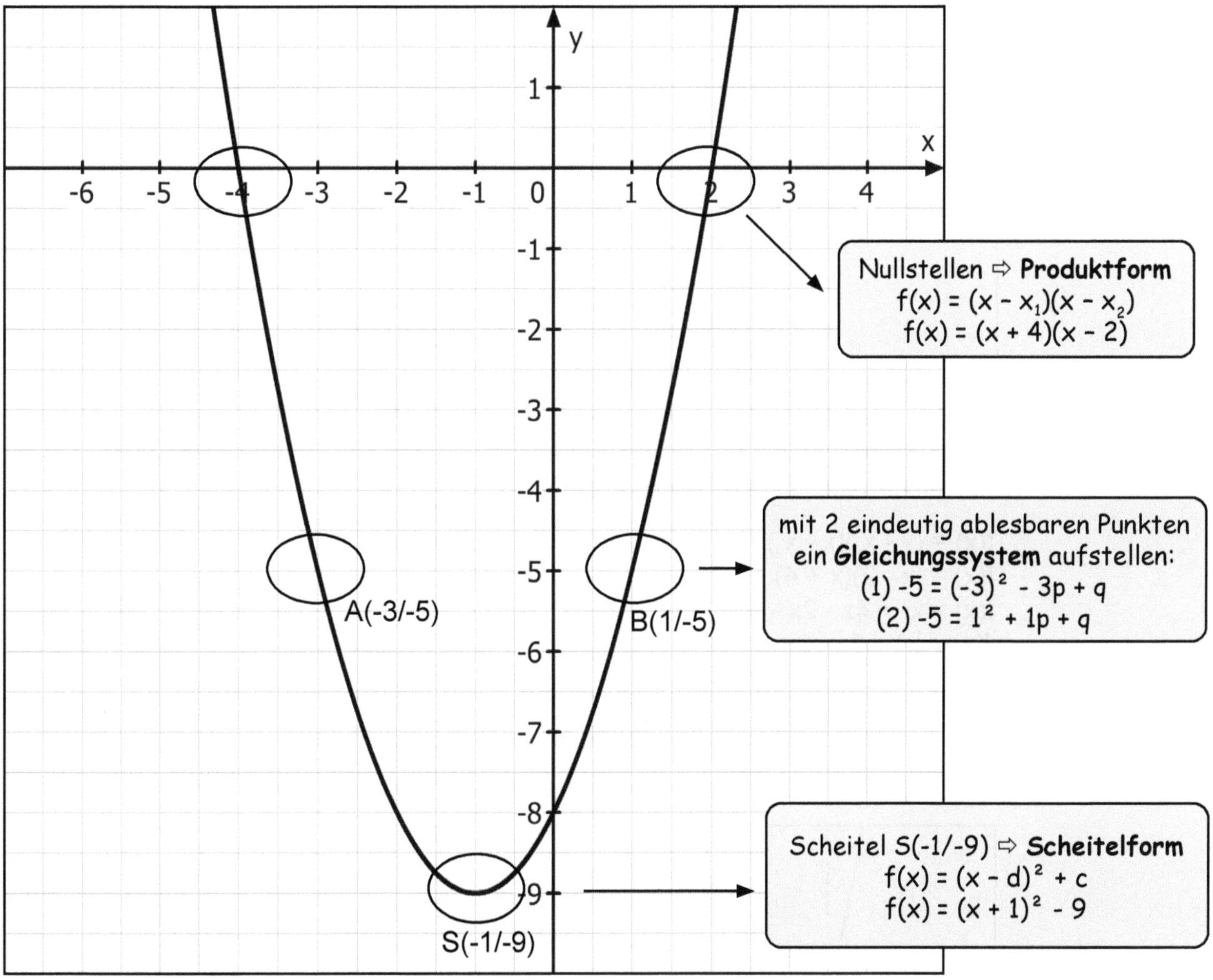

A(-3/-5)

B(1/-5)

S(-1/-9)

Nullstellen ⇨ **Produktform**
$f(x) = (x - x_1)(x - x_2)$
$f(x) = (x + 4)(x - 2)$

mit 2 eindeutig ablesbaren Punkten ein **Gleichungssystem** aufstellen:
(1) $-5 = (-3)^2 - 3p + q$
(2) $-5 = 1^2 + 1p + q$

Scheitel S(-1/-9) ⇨ **Scheitelform**
$f(x) = (x - d)^2 + c$
$f(x) = (x + 1)^2 - 9$

Auf jeden Fall braucht man Punkte, die auf der Parabel liegen. Wir müssen also das Schaubild nach eindeutig ablesbaren Punkten absuchen.

Am einfachsten ist es, wenn der Scheitelpunkt oder die Nullstellen ablesbar sind. Wenn beides nicht möglich ist, dann muss man Punkte finden, die irgendwo auf den Parabelästen liegen. Das kann ganz schön knifflig werden. Probiere es mal aus:

In dem kleinen Ausschnitt einer Parabel mit Gleichung $f(x) = x^2 - 0{,}5$ gibt es außer dem Scheitelpunkt noch drei weitere, eindeutig ablesbare Punkte. Findest du sie?

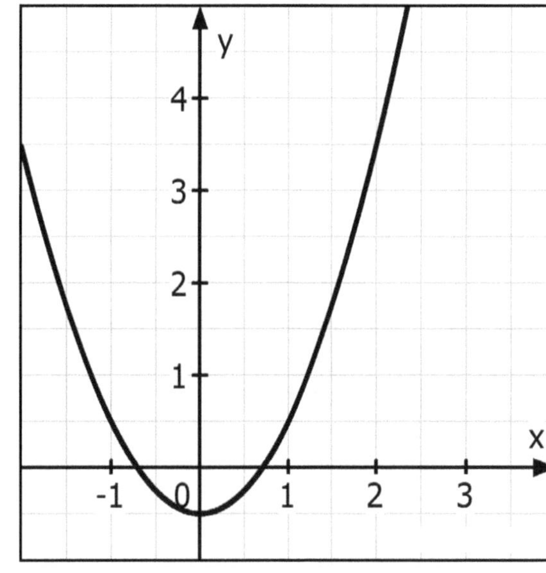

Lösung: A(-1/0,5) / B(1/0,5) / C(2/3,5)

KOHL VERLAG
Geraden & Parabeln
Was mache ich, wenn...? - Bestell-Nr. 12 220

10a. ... ich die Funktionsgleichung aus dem Schaubild ablesen will?

Möglichkeit 1: **Die Nullstellen sind ablesbar ⇨ Produktform**

<u>Beispiel</u>: *Bestimme die Funktionsgleichung der dargestellten Normalparabel.*

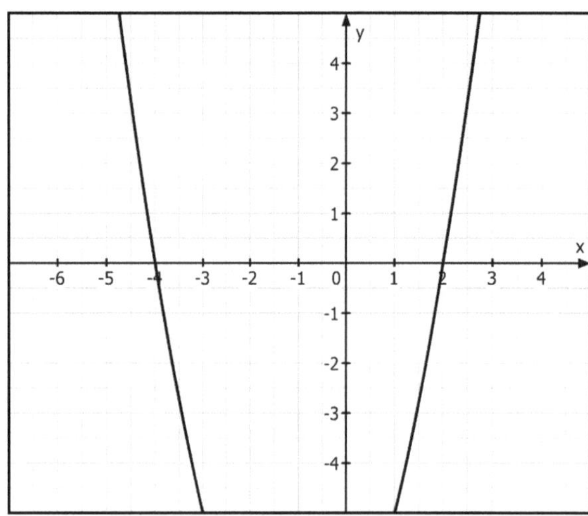

Lösung: Wir können die Nullstellen eindeutig ablesen. Sie lauten $N_1(2/0)$ und $N_2(-4/0)$. Diese beiden Werte setzen wir in die Produktform ein. Dabei müssen wir aber die Vorzeichen der x-Werte jeweils drehen.

$f(x) = (x - x_1)(x - x_2)$ | $x_1 = 2$ und $x_2 = (-4)$ einsetzen
$f(x) = (x - 2)(x + 4)$
$f(x) = x^2 + 4x - 2x - 8$
$\mathbf{f(x) = x^2 + 2x - 8}$

Möglichkeit 2: **Der Scheitelpunkt ist ablesbar ⇨ Scheitelform**

<u>Beispiel</u>: *Bestimme die Funktionsgleichung der dargestellten Normalparabel.*

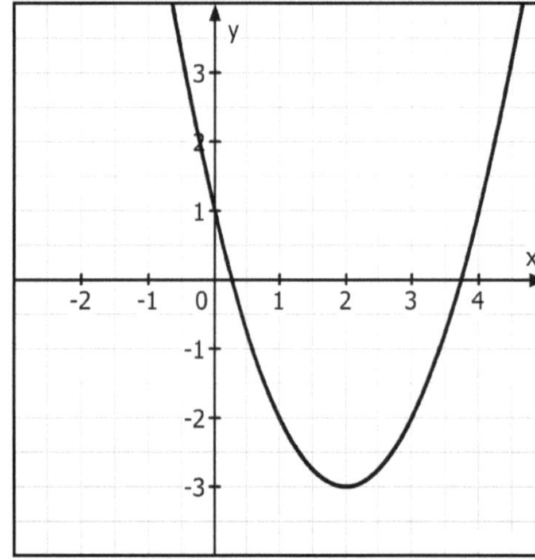

Lösung: Wir können den Scheitelpunkt eindeutig ablesen. Er lautet S(2/-3). Diesen Punkt setzen wir in die Scheitelform ein. Dabei darauf achten, dass sich das Vorzeichen der x-Koordinate beim Einsetzen in die Scheitelform dreht.

$f(x) = (x - d)^2 + c$ | einsetzen von S(2/-3) mit d = 2 und c = (-3)
$f(x) = (x - 2)^2 - 3$ | Binom auflösen
$f(x) = x^2 - 4x + 4 - 3$ | zusammenfassen
$\mathbf{f(x) = x^2 - 4x + 1}$

10a. ... ich die Funktionsgleichung aus dem Schaubild ablesen will?

Möglichkeit 3: **Zwei beliebige Punkte ablesbar ⇨ Gleichungssystem**

Beispiel: *Bestimme die Funktionsgleichung der dargestellten Normalparabel.*

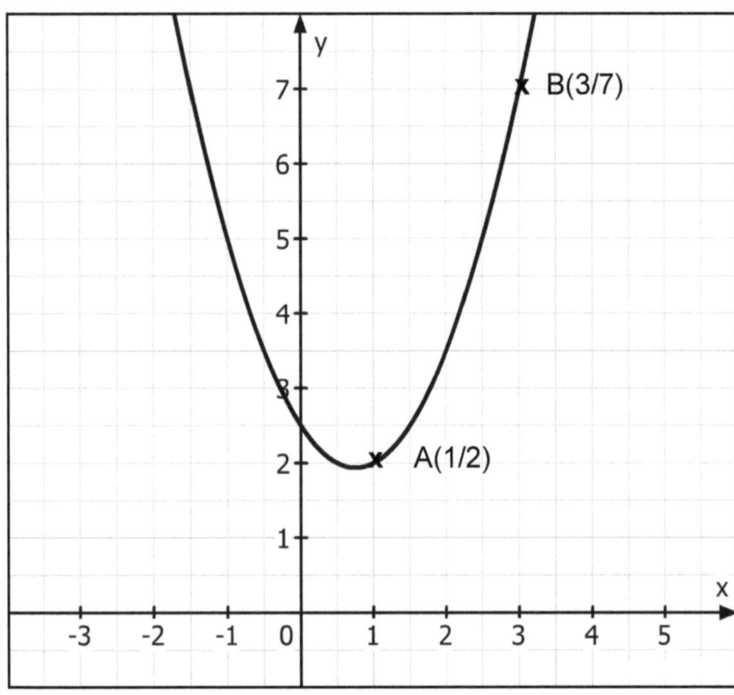

Lösung: Wenn weder Nullstellen noch Scheitelpunkt ablesbar sind, müssen zwei beliebige Punkte gefunden werden. In diesem Fall wurden die Punkte A(1/2) und B(3/7) gewählt. Es wären natürlich auch andere Punkte möglich. Diese Punkte setzen wir in die Parabelgleichung $f(x) = x^2 + px + q$ ein und stellen ein Gleichungssystem auf.

Punkt A:	(1)	$2 = 1^2 + 1p + q$	$\vert -1$
Punkt B:	(2)	$7 = 3^2 + 3p + q$	$\vert -9$
Punkt A:	(1)	$1 = 1p + q$	$\vert \cdot (-1)$
Punkt B:	(2)	$-2 = 3p + q$	
Punkt A:	(1)	$-1 = -1p - q$	Addieren
Punkt B:	(2)	$-2 = 3p + q$	
(1) + (2)		$-3 = 2p$	$\vert :2$
		$\mathbf{-1{,}5 = p}$	
p in (2)		$-2 = 3p + q$	
		$-2 = 3 \cdot (-1{,}5) + q$	$\vert +4{,}5$
		$\mathbf{2{,}5 = q}$	

Daraus folgt: $\mathbf{f(x) = x^2 - 1{,}5x + 2{,}5}$

Hinweis: Natürlich würde sich die Aufgabe auch mit dem Gleichsetzungs- oder Einsetzungsverfahren lösen. Das Additionsverfahren bietet sich hier aber wohl am meisten an.

KOHL VERLAG Geraden & Parabeln *Was mache ich, wenn...?* - Bestell-Nr. 12 220

10a. … ich die Funktionsgleichung aus dem Schaubild ablesen will?

Aufgabe 1: *Ordne jeder Parabel den passenden Funktionsterm zu.*

$f(x) = -x^2 - 6x - 9$

$g(x) = x^2 - 6x + 5$

$h(x) = x^2 - 5x + 7{,}5$

$i(x) = x^2 + 4x + 5$

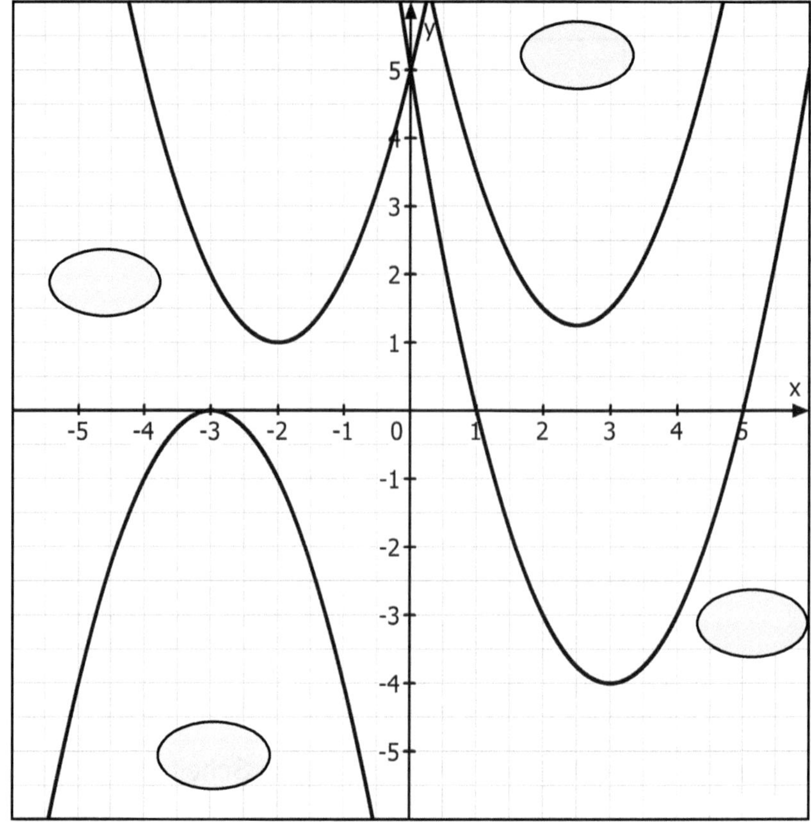

Aufgabe 2: *Gib zu jeder Parabel den passenden Funktionsterm in der Normalform an.*

f(x) = ______________

g(x) = ______________

h(x) = ______________

i(x) = ______________

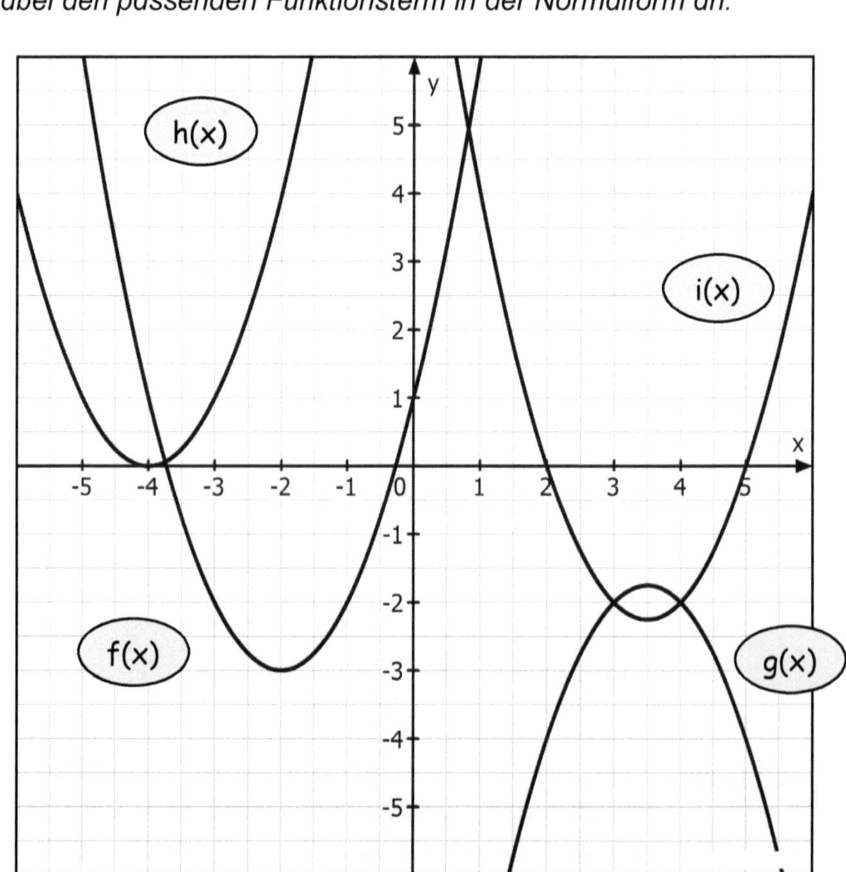

Teil 3: Quadratische Funktionen

10a. ... ich die Funktionsgleichung aus dem Schaubild ablesen will?

Aufgabe 1: *Ordne jeder Parabel den passenden Funktionsterm zu.*

$f(x) = -x^2 - 6x - 9$

$g(x) = x^2 - 6x + 5$

$h(x) = x^2 - 5x + 7{,}5$

$i(x) = x^2 + 4x + 5$

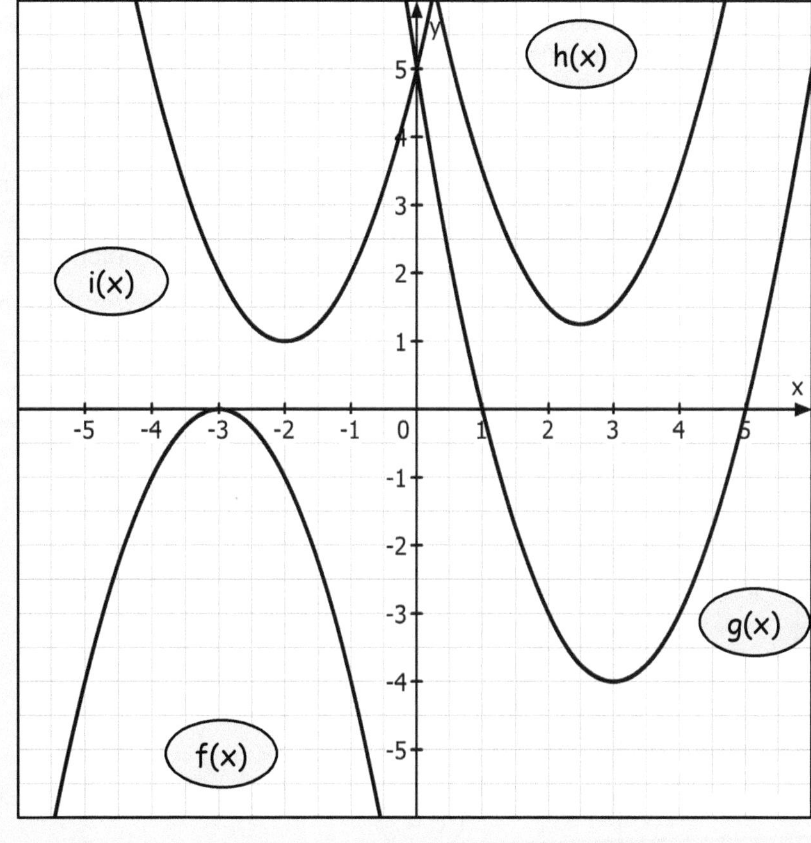

Aufgabe 2: *Gib zu jeder Parabel den passenden Funktionsterm in der Normalform an.*

$f(x) = x^2 + 4x + 1$

$g(x) = -x^2 + 7x - 14$

$h(x) = x^2 + 8x + 16$

$i(x) = x^2 - 7x + 10$

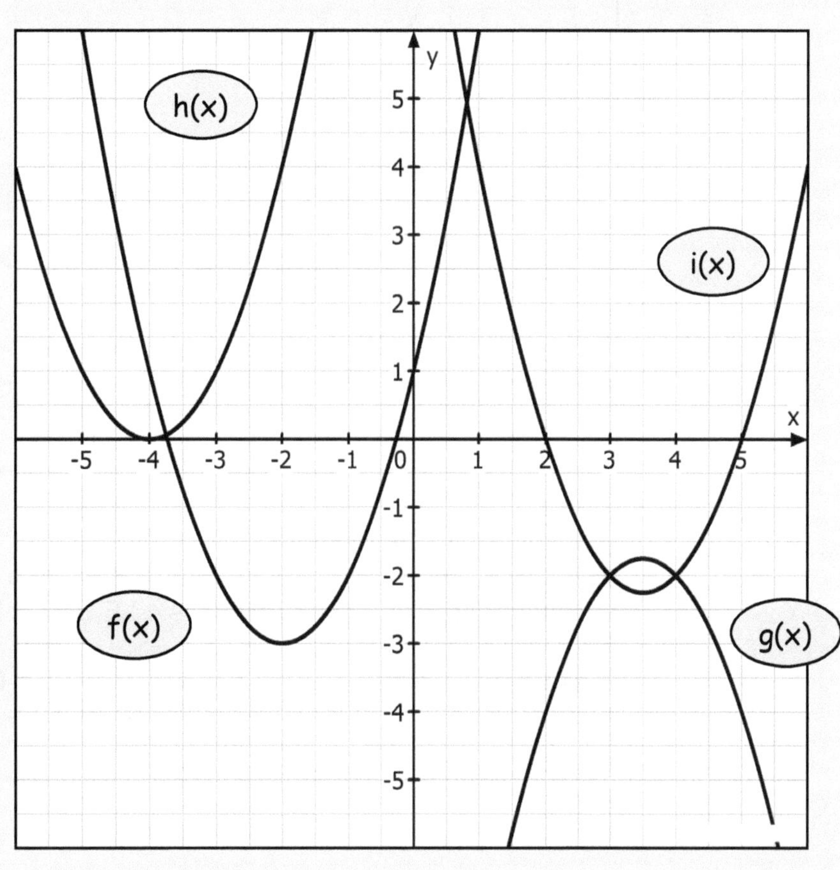

Geraden & Parabeln
Was mache ich, wenn...? - Bestell-Nr. 12 220
KOHL VERLAG

10b. ... ich den Koeffizienten a aus dem Schaubild einer allgemeinen Parabel ablesen will?

Der Koeffizient **a** in der Gleichung $f(x) = ax^2 + bx + c$ einer allgemeinen Parabel gibt die Öffnungsbreite der Parabelschenkel an. Von einer Ursprungsparabel der Form $f(x) = ax^2$ lässt sich die Gleichung nach a auflösen:

$$y = ax^2 \qquad |:x^2 \qquad |\text{Seitentausch}$$
$$a = \frac{y}{x^2}$$

Somit müssen wir eine Art Steigungsdreieck in das Schaubild einzeichnen, bei der wir stets vom Ursprung aus waagerecht gehen und an einem eindeutig ablesbaren Punkt senkrecht bis zur Funktion. Die so ermittelten Werte dann in die obige Gleichung eingeben und a berechnen.

Beispiel: *Bestimme den Koeffizienten a mit Hilfe des Schaubildes.*

Lösung: Wir zeichnen vom Scheitelpunkt aus eine Waagerechte parallel zur x-Achse ein (1). Nun suchen wir auf den Parabelästen einen eindeutig ablesbaren Punkt (2) und fällen von dort das Lot auf unsere zuerst gezogenen Waagerechte (3).

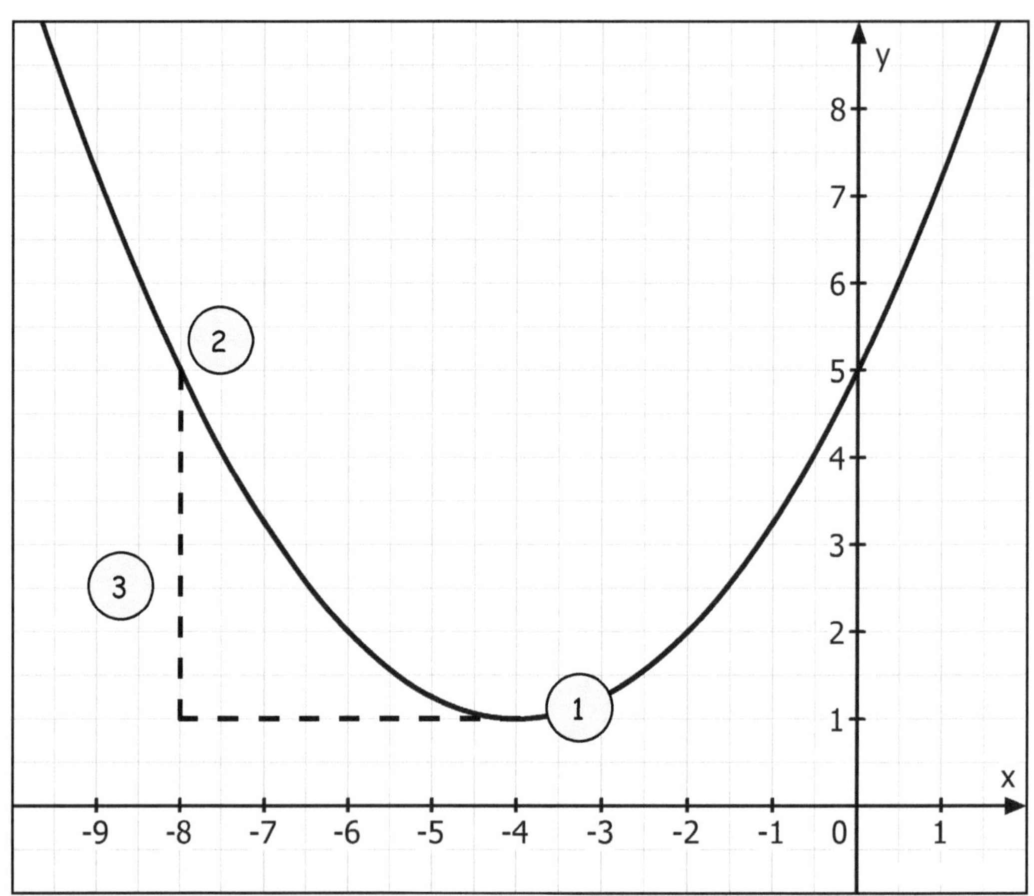

Nun zählen wir die Einheiten:

waagerecht (x) hier 4 LE bzw. 8 Kästchen
senkrecht (y) hier ebenfalls 4 LE bzw. 8 Kästchen

Einsetzen: $a = \frac{y}{x^2}$ $a = \frac{4}{4^2}$ **$a = 0{,}25$**

10b. ... ich den Koeffizienten a aus dem Schaubild einer allgemeinen Parabel ablesen will?

Aufgabe: *Bearbeite die Aufgaben der Reihe nach. Sie beziehen sich auf das Schaubild der nach unten geöffneten, gestreckten Parabel f.*

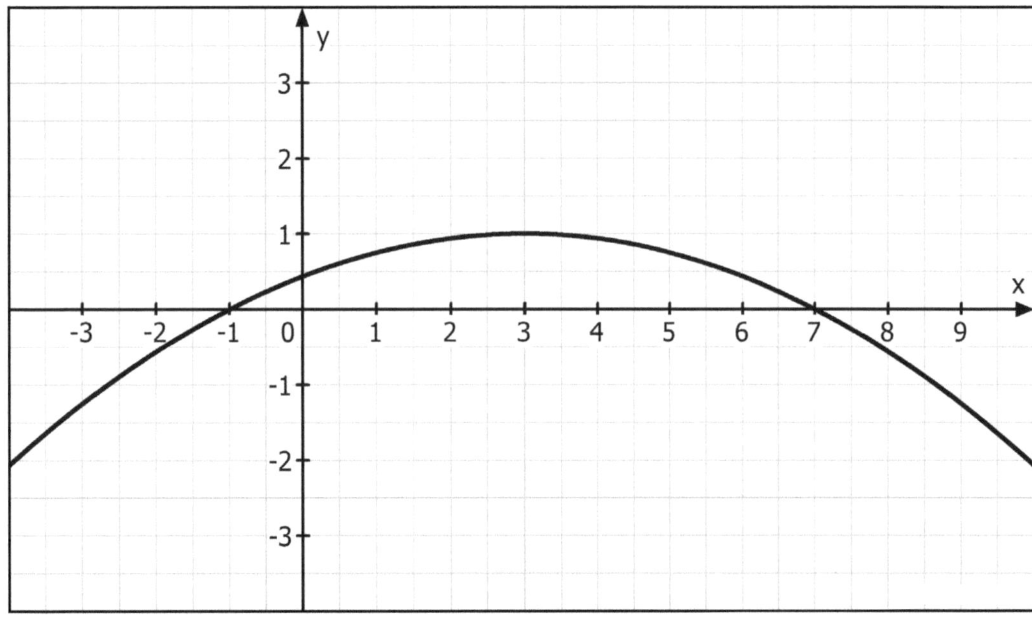

a) *Bestimme aus dem Schaubild den Koeffizienten a.*

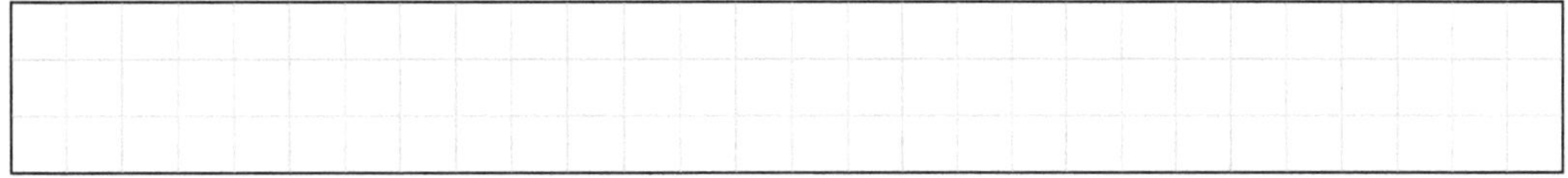

b) *Bestimme den Funktionsterm der Parabel in der Form $f(x) = a\,(x - x_1)(x - x_2)$ mit Hilfe der Nullstellen und dem zuvor bestimmten Koeffizienten a.*

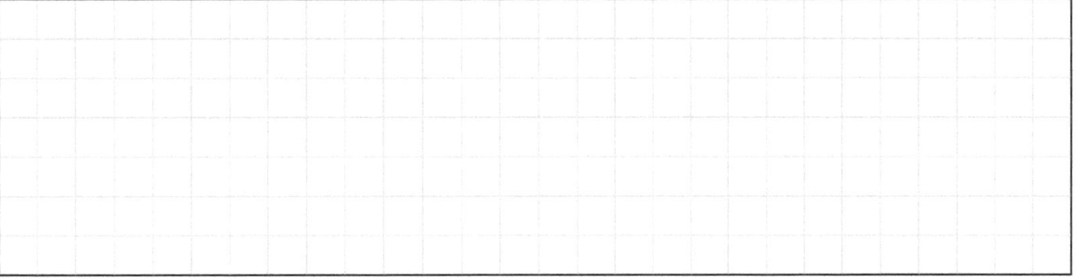

c) *Bestimme den Funktionsterm der Parabel in der Form* $\boldsymbol{f(x) = a\,(x - d)^2 + c}$ *mit Hilfe des Scheitelpunktes und des Koeffizienten a. Konntest du deinen Term aus Aufgabe b) bestätigen?*

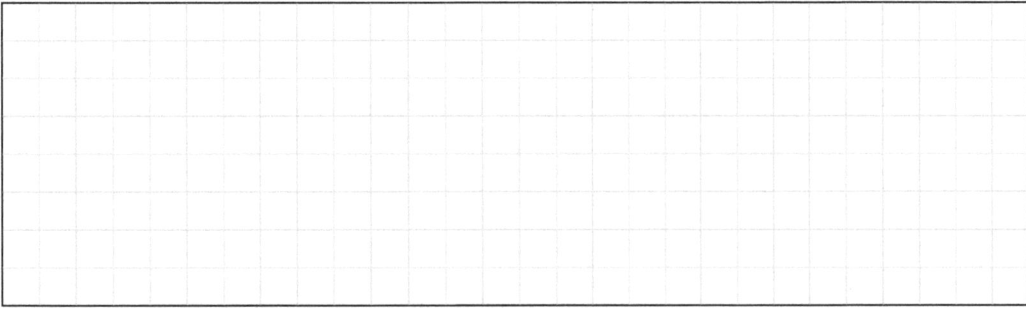

KOHL VERLAG Geraden & Parabeln *Was mache ich, wenn...?* - Bestell-Nr. 12 220

10b. … ich den Koeffizienten a aus dem Schaubild einer allgemeinen Parabel ablesen will?

Aufgabe: *Bearbeite die Aufgaben der Reihe nach. Sie beziehen sich auf das Schaubild der nach unten geöffneten, gestreckten Parabel f.*

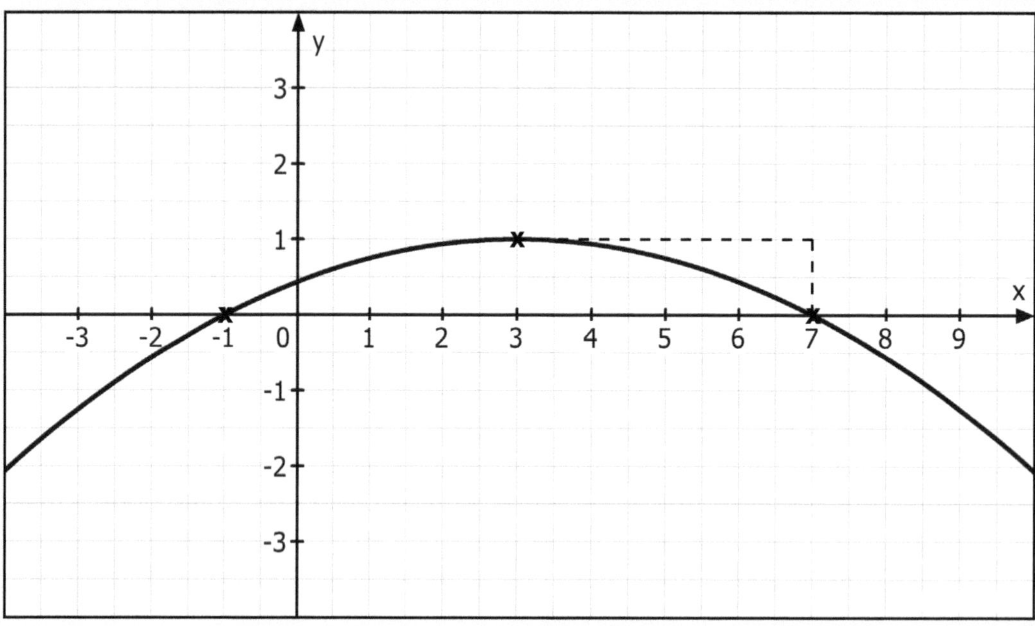

a) *Bestimme aus dem Schaubild den Koeffizienten a.*

Durch das Steigungsdreieck ergibt sich:

$a = \frac{y}{x^2}$ $\quad$ $a = \frac{-1}{4^2}$ $\quad$ $a = \frac{1}{16}$

b) *Bestimme den Funktionsterm der Parabel in der Form $f(x) = a\,(x - x_1)(x - x_2)$ mit Hilfe der Nullstellen und dem zuvor bestimmten Koeffizienten a.*

$f(x) = a\,(x - x_1)(x - x_2)$ $\quad$ **$N_1(-1/0)$ und $N_2(7/0)$ sowie $a = -\frac{1}{16}$**

$f(x) = -\frac{1}{16}(x + 1)(x - 7)$

$f(x) = -\frac{1}{16}(x^2 - 6x - 7)$

$f(x) = -\frac{1}{16}x^2 + \frac{3}{8}x + \frac{7}{16}$

c) *Bestimme den Funktionsterm der Parabel in der Form* **$f(x) = a\,(x - d)^2 + c$** *mit Hilfe des Scheitelpunktes und des Koeffizienten a. Konntest du deinen Term aus Aufgabe b) bestätigen?*

$f(x) = a\,(x - d)^2 + c$ $\quad$ **$S(3/1)$ sowie $a = -\frac{1}{16}$**

$f(x) = -\frac{1}{16}(x - 3)^2 + 1$

$f(x) = -\frac{1}{16}(x^2 - 6x + 9) + 1$

$f(x) = -\frac{1}{16}x^2 + \frac{3}{8}x - \frac{9}{16} + 1$

$f(x) = -\frac{1}{16}x^2 + \frac{3}{8}x + \frac{7}{16}$

11. ... ich eine Parabel im KOS rechnerisch verschieben möchte?

Wenn wir eine Parabel verschieben wollen, dann machen wir das nicht mit der Funktionsgleichung, sondern wir gehen den Weg über den Scheitelpunkt, da es viel einfacher ist einen Punkt zu verschieben. Wir gehen also so vor:

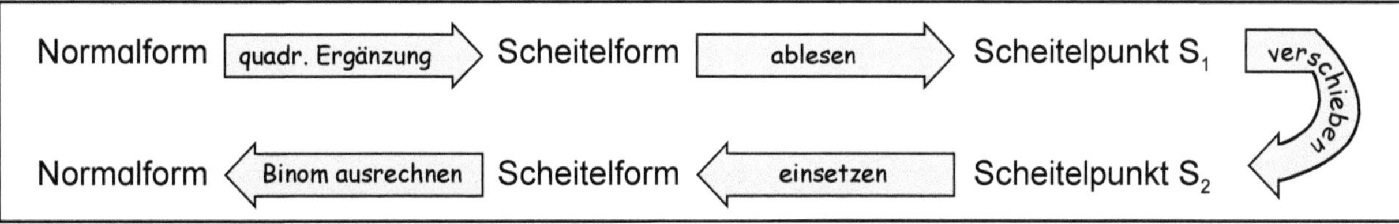

Beispiel: *Aus der Parabel $f(x) = x^2 - 6x + 12$ soll die neue Parabel $g(x)$ durch Verschieben um 5 Längeneinheiten (LE) nach links und 2 LE nach unten entstehen. Gib den Funktionsterm der Parabel g an und zeichne beide Parabeln in ein KOS.* **Lösung:**

Die Bearbeitung erfolgt in 3 Schritten:

1. Wir überführen die Parabel f(x) mit Hilfe der quadratischen Ergänzung in die Scheitelform, um den Scheitelpunkt zu erhalten:

$f(x) = x^2 - 6x + 12$ | quadratische Ergänzung mit $\pm (\frac{p}{2})^2$

$f(x) = x^2 - 6x + 3^2 + 12 - 3^2$

$f(x) = (x - 3)^2 + 3$ ⇨ $S_1(3/3)$

2. Wir verschieben den Scheitel um 5 LE nach links und 2 LE nach unten:

$S_1(3/3)$ ⇨ $S_2(3-5/3-2)$ ⇨ $S_2(-2/1)$

3. Wir setzen den neuen Scheitel in die Scheitelform und bestimmen die Funktionsgleichung der neuen Parabel in der Normalform.

$S_2(-2/1)$ ⇨ $g(x) = (x + 2)^2 + 1$ ⇨ $g(x) = x^2 + 4x + 5$

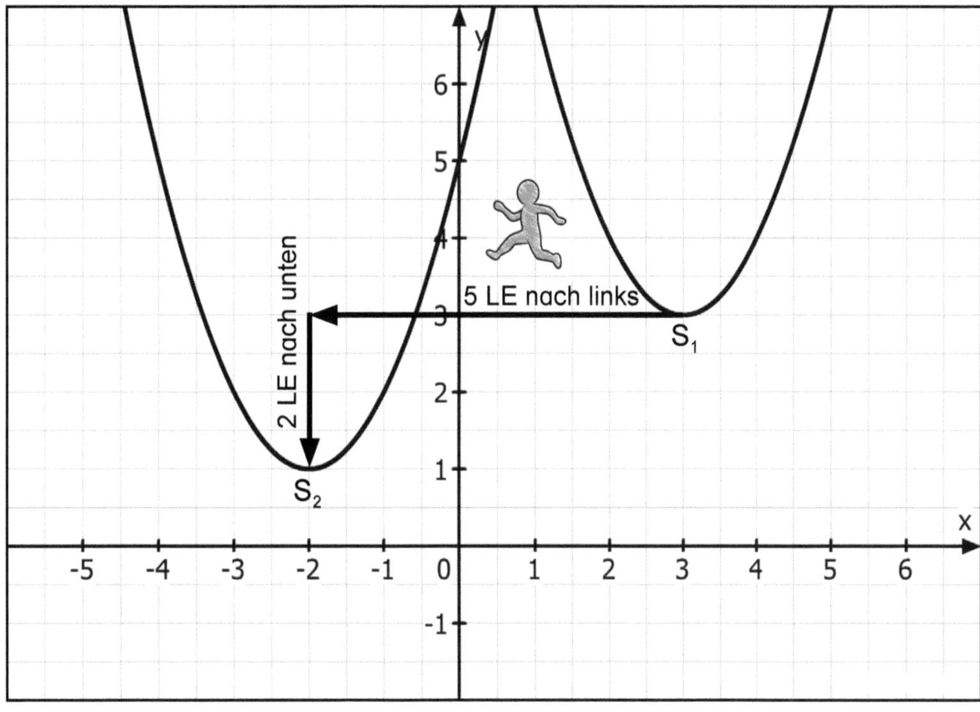

11. ... ich eine Parabel im KOS rechnerisch verschieben möchte?

Aufgabe 1: *Verschiebe die Parabel $f(x) = x^2 + 4x + 3$ um 2,5 LE nach oben und um 5,5 LE nach rechts. Gib den Funktionsterm der neuen Parabel p an.*

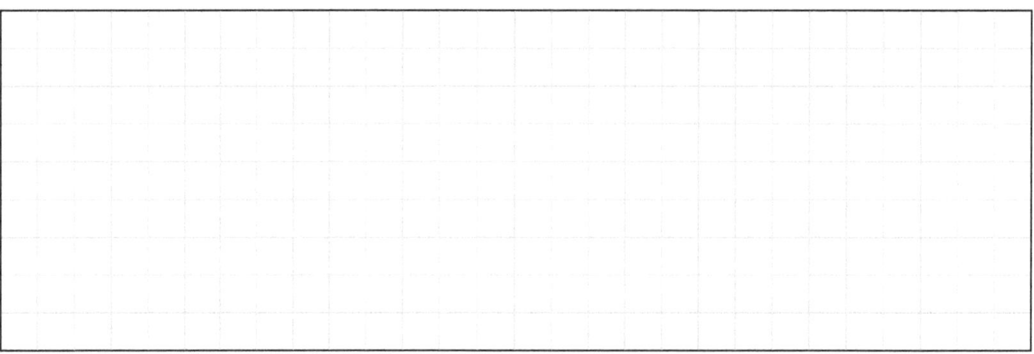

Aufgabe 2: *Verschiebe die Parabel um f(x) um 6 LE nach links und 4 LE nach unten. Zeichne die neue Parabel p(x) ein und gib die Funktionsgleichung an.*

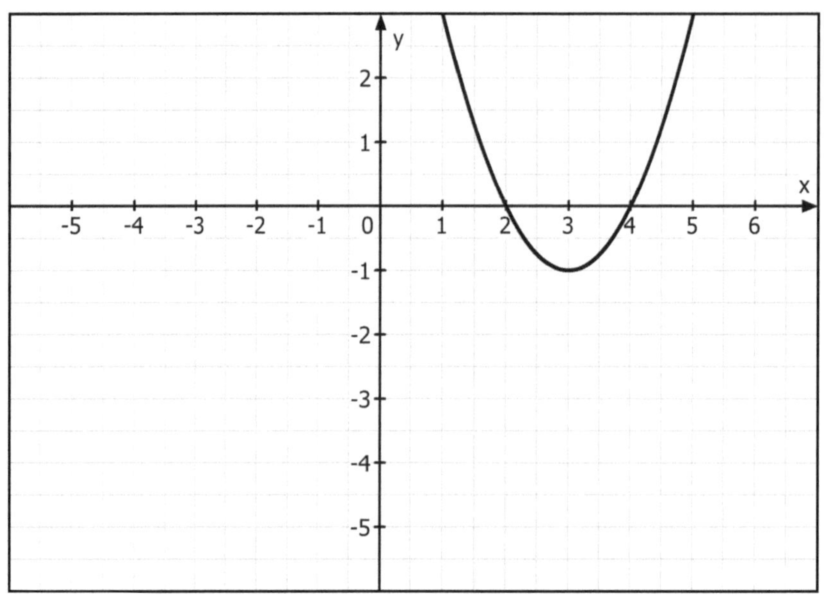

Aufgabe 3: *Zu sehen ist der Ausschnitt einer Parabel f(x) die um 4,5 LE nach rechts und 6,5 LE nach oben verschoben werden soll. Gib die Funktionsgleichung der neuen Parabel p(x) an.*

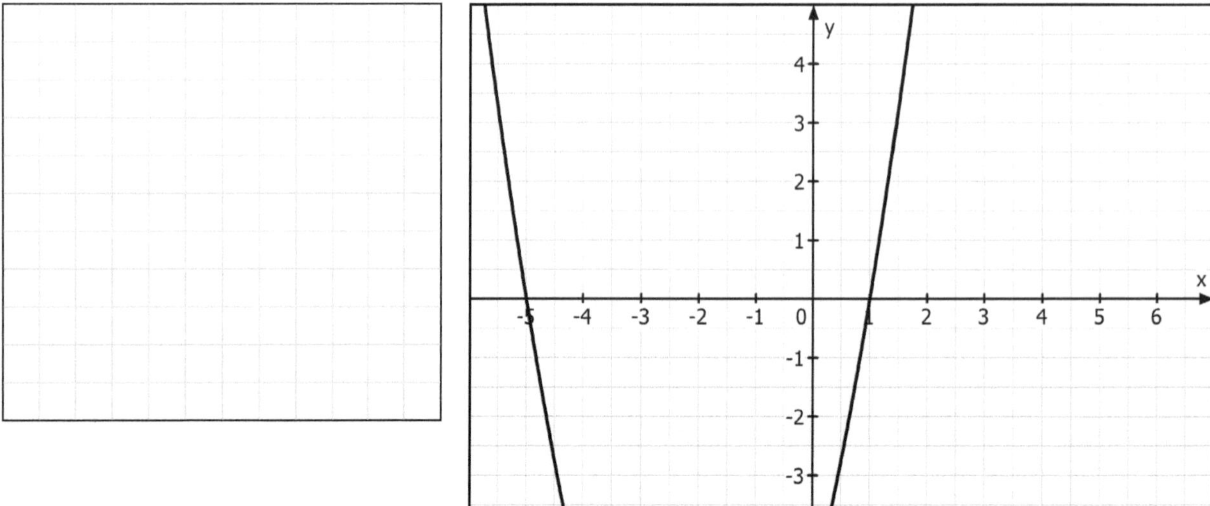

Seite 84

11. … ich eine Parabel im KOS rechnerisch verschieben möchte?

Aufgabe 1: *Verschiebe die Parabel $f(x) = x^2 + 4x + 3$ um 2,5 LE nach oben und um 5,5 LE nach rechts. Gib den Funktionsterm der neuen Parabel p an.*

$f(x) = x^2 + 4x + 3$	| quadratische Ergänzung mit $\pm (\frac{p}{2})^2$
$f(x) = x^2 + 4x + 2^2 + 3 - 2^2$	
$f(x) = (x + 2)^2 - 1$	
$S_1(-2/-1)$	| verschieben
$S_2(3{,}5/1{,}5)$	| einsetzen in Scheitelform
$p(x) = (x - 3{,}5)^2 + 1{,}5$	

Aufgabe 2: *Verschiebe die Parabel um f(x) um 6 LE nach links und 4 LE nach unten. Zeichne die neue Parabel p(x) ein und gib die Funktionsgleichung an.*

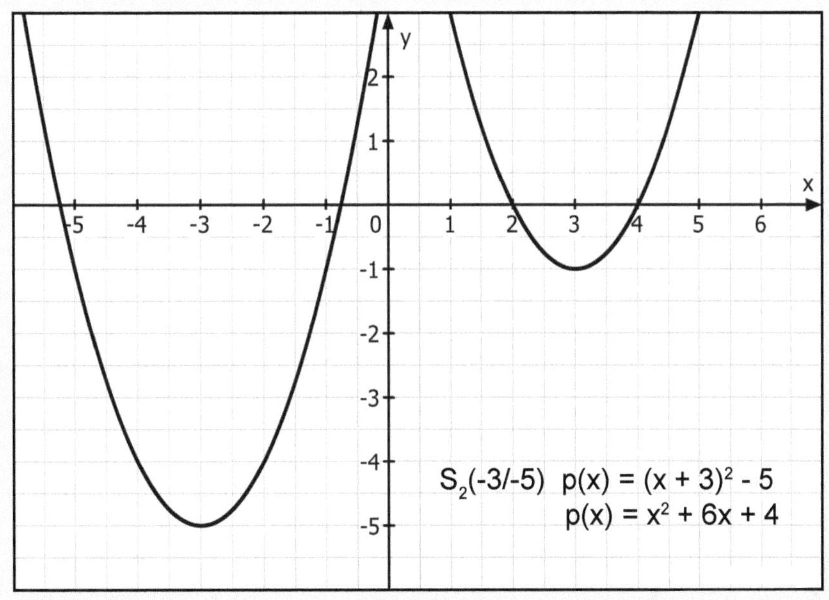

Aufgabe 3: *Zu sehen ist der Ausschnitt einer Parabel f(x) die um 4,5 LE nach rechts und 6,5 LE nach oben verschoben werden soll. Gib die Funktionsgleichung der neuen Parabel p(x) an.*

$f(x) = (x + 5)(x - 1)$
$f(x) = x^2 + 4x - 5$ | quadr. Erg.
$f(x) = x^2 + 4x + 2^2 - 5 - 2^2$
$f(x) = (x + 2)^2 - 9$
$S_1(-2/-9)$

$S_2(2{,}5/-2{,}5)$
$p(x) = (x - 2{,}5)^2 - 2{,}5$
$p(x) = x^2 - 5x + 3{,}75$

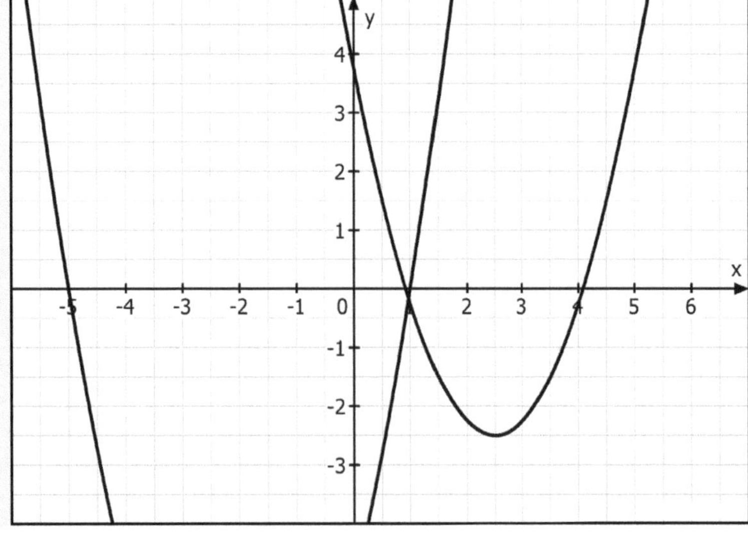

Geraden & Parabeln
Was mache ich, wenn...? - Bestell-Nr. 12 220
KOHL VERLAG

12. ... ich eine Parabel im KOS spiegeln möchte?

Beim Spiegeln an einer oder beiden Achsen des KOS gehen wir so vor, wie beim Verschieben einer Parabel. Durch das Spiegeln ändern sich lediglich die Vorzeichen der Scheitelkoordinaten:

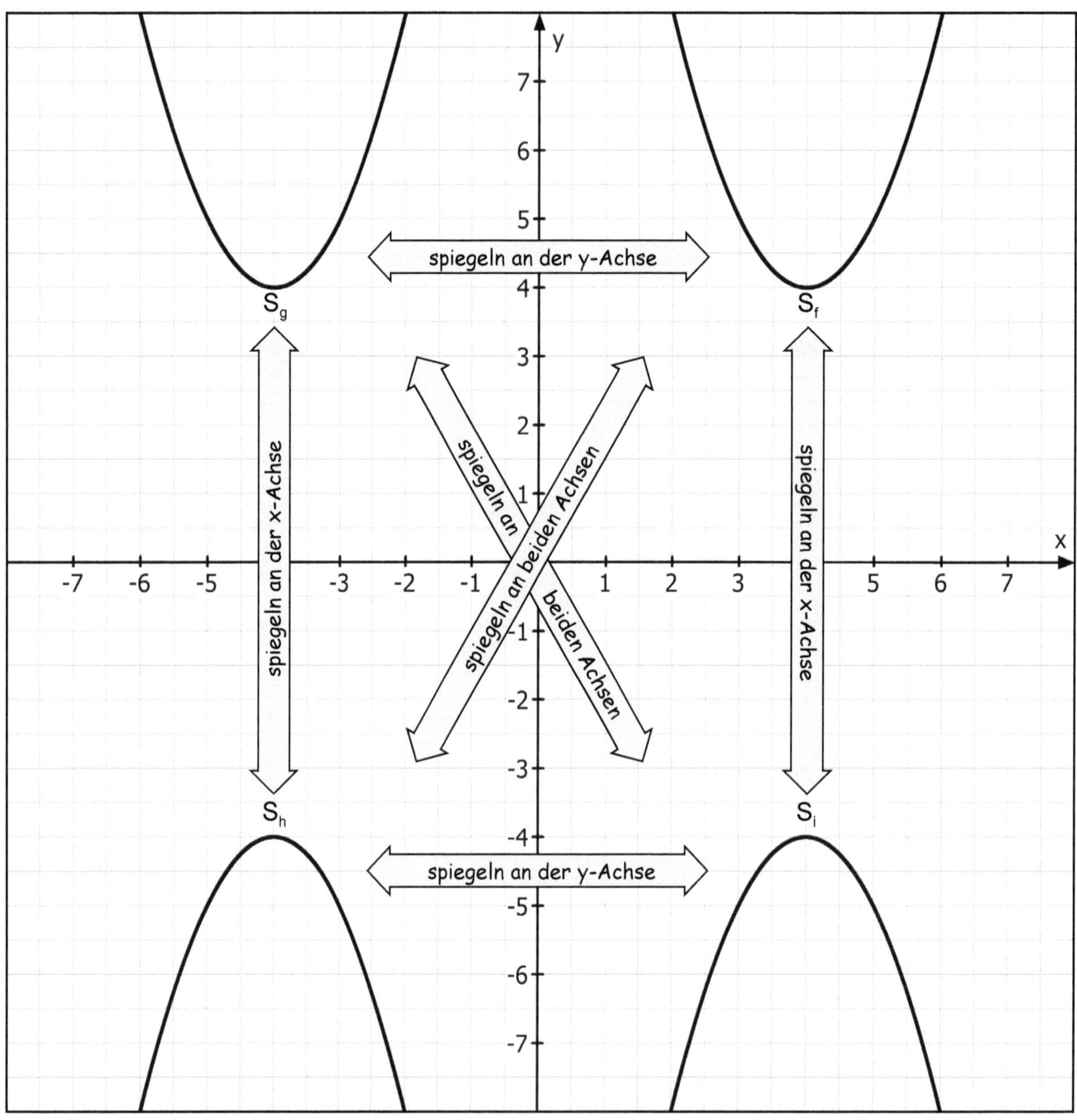

Die gespiegelten Parabeln im Überblick:

Parabel	Scheitel	Scheitelform	Normalform
f(x)	S_f (4/4)	$f(x) = (x - 4)^2 + 4$	$f(x) = x^2 - 8x + 20$
g(x)	S_g (-4/4)	$g(x) = (x + 4)^2 + 4$	$g(x) = x^2 + 8x + 20$
h(x)	S_h (-4/-4)	$h(x) = - (x + 4)^2 - 4$	$h(x) = -x^2 - 8x - 20$
i(x)	S_i (4/-4)	$i(x) = - (x - 4)^2 -4$	$i(x) = -x^2 + 8x - 20$

12. ... ich eine Parabel im KOS spiegeln möchte?

Aufgabe: *Gegeben ist die Parabel $f(x) = x^2 - 6x + 10$. Spiegle die Parabel an der y-Achse und du erhältst die Parabel g(x). Durch das Spiegeln an der x-Achse erhältst du die Parabel h(x) und wenn du die Parabel an beiden Achsen spiegelst erhältst du die Parabel i(x). Bestimme die genaue Lage der neuen Parabeln durch Zeichnung und fülle anschließend die Tabelle aus.*

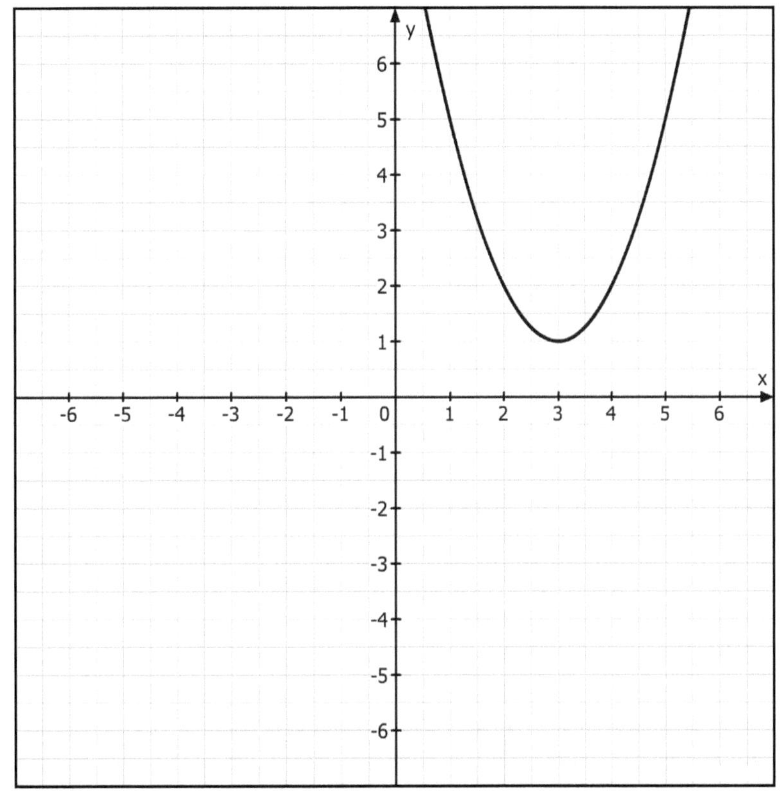

Parabel	Scheitel	Scheitelform	Normalform
f(x)	S_f (______ / ______)		
g(x)	S_g (______ / ______)		
h(x)	S_h (______ / ______)		
i(x)	S_i (______ / ______)		

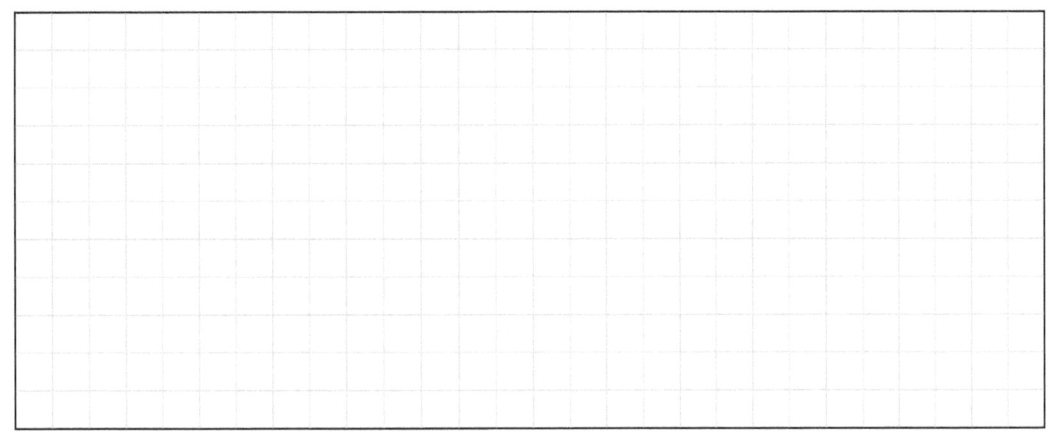

KOHL VERLAG Geraden & Parabeln *Was mache ich, wenn...?* - Bestell-Nr. 12 220

Lösung

12. … ich eine Parabel im KOS spiegeln möchte?

Aufgabe: *Gegeben ist die Parabel $f(x) = x^2 - 6x + 10$. Spiegle die Parabel an der y-Achse und du erhältst die Parabel $g(x)$. Durch das Spiegeln an der x-Achse erhältst du die Parabel $h(x)$ und wenn du die Parabel an beiden Achsen spiegelst erhältst du die Parabel $i(x)$. Bestimme die genaue Lage der neuen Parabeln durch Zeichnung und fülle anschließend die Tabelle aus.*

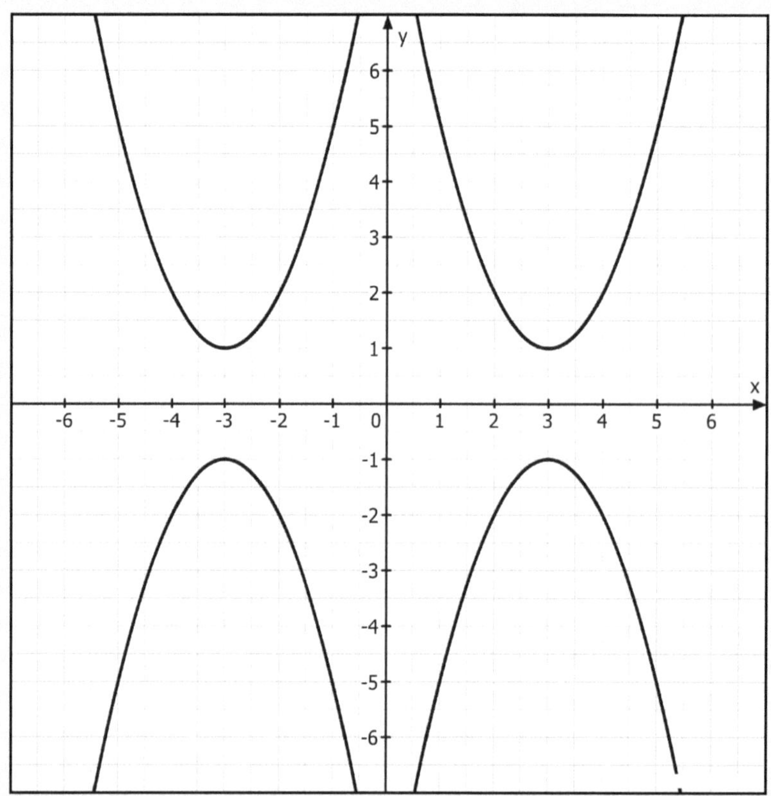

Parabel	Scheitel	Scheitelform	Normalform
f(x)	S_f (3/1)	$f(x) = (x - 3)^2 + 1$	$f(x) = x^2 - 6x + 10$
g(x)	S_g (-3/1)	$g(x) = (x + 3)^2 + 1$	$g(x) = x^2 + 6x + 10$
h(x)	S_h (3/-1)	$i(x) = - (x - 3)^2 - 1$	$i(x) = -x^2 + 6x - 10$
i(x)	S_i (-3/-1)	$i(x) = - (x + 3)^2 - 1$	$i(x) = -x^2 - 6x - 10$

S_f (3/1)
$f(x) = (x -3)^2 +1$
$f(x) = x^2 -6x +9 +1$
$f(x) = x^2 -6x +10$

S_g (-3/1)
$g(x) = (x +3)^2 +1$
$f(x) = x^2 -6x +9 +1$
$g(x) = x^2 +6x +9 +1$

S_h (3/-1)
$i(x) = -(x -3)^2 -1$
$i(x) = -(x^2 -6x +9) -1$
$i(x) = -x^2 +6x -9 -1$
$i(x) = -x^2 +6x -10$

S_i (-3/-1)
$h(x) = -(x + 3)^2 -1$
$h(x) = -(x^2 +6x +9) -1$
$h(x) = -x^2 -6x -9 -1$
$h(x) = -x^2 -6x -10$

13a. ... ich den/die Schnittpunkt(e) einer Parabel mit einer Geraden berechnen möchte?

Wenn sich zwei Funktionen schneiden und der oder die Schnittpunkt(e) gesucht sind, dann setzen wir zur Berechnung die beiden Funktionsterme gleich. Dabei ist es möglich, dass wir keinen, einen oder zwei Schnittpunkte erhalten.

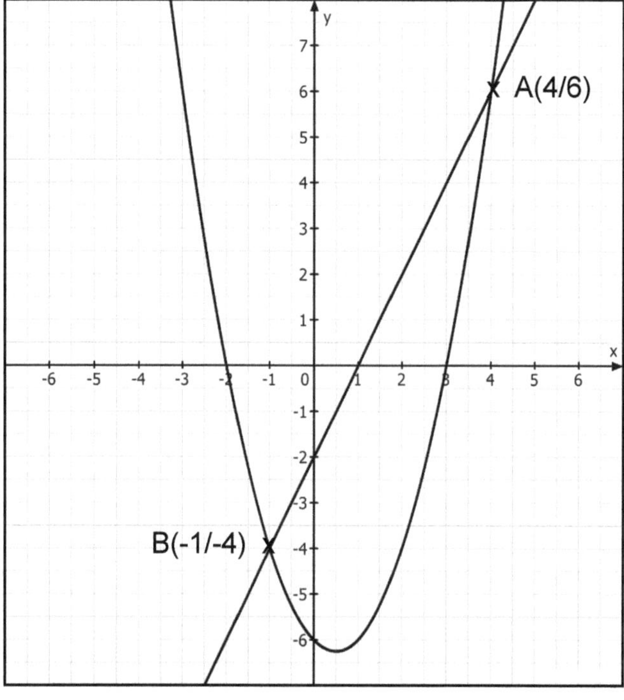

Beispiel 1: *Das Schaubild zeigt die Parabel $f(x) = x^2 - x - 6$ und die Gerade $g(x) = 2x - 2$. Kennzeichne die Schnittpunkte im Schaubild und lies die Koordinaten der Schnittpunkte ab. Überprüfe durch Rechnung.*

Lösung: Gleichsetzen den Funktionsterme:

$$f(x) = g(x)$$

$$x^2 - x - 6 = 2x - 2 \qquad | +2$$

$$x^2 - x - 4 = 2x \qquad | -2x$$

$$x^2 - 3x - 4 = 0 \qquad | \text{ pq-Formel}$$

$$x_{1/2} = -\frac{p}{2} \pm \sqrt{\left(\frac{p}{2}\right)^2 - q} \qquad | \; p = (-3) \text{ und } q = (-4) \text{ einsetzen}$$

$$x_{1/2} = -\frac{(-3)}{2} \pm \sqrt{\left(\frac{(-3)}{2}\right)^2 - (-4)}$$

$$x_{1/2} = -\frac{3}{2} \pm \sqrt{2{,}25 + 4}$$

$$x_{1/2} = 1{,}5 \pm 2{,}5$$

$x_1 = 4$ A(4/ ***?***)
$x_2 = -1$ B(-1/ ***?***)

Zur Ermittlung der passenden y-Koordinaten der Schnittpunkte A und B setzen wir beide x-Werte in separaten Rechnungen entweder in f(x) oder in g(x).

Da $g(x) = 2x - 2$ die „einfachere" Funktion ist, nehmen wir hier g(x):

$x_1 = 4$:	$g(x) = 2x - 2$ $g(4) = 2 \cdot 4 - 2$ $g(4) = 6$	$x_2 = -1$:	$g(x) = 2x - 2$ $g(-1) = 2 \cdot (-1) - 2$ $g(-1) = -4$

Daraus folgt: **A(4/6)** **und** **B(-1/-4)**

> Die beiden Funktionen f(x) und g(x) haben <u>zwei gemeinsame</u> Punkte.
> Die Gerade ist eine **Sekante**.

Geraden & Parabeln
Was mache ich, wenn...? - Bestell-Nr. 12 220
KOHL VERLAG

13a. ... ich den/die Schnittpunkt(e) einer Parabel mit einer Geraden berechnen möchte?

Beispiel 2: *Das Schaubild zeigt die Parabel $f(x) = x^2 - x - 6$ und die Gerade $g(x) = 2x - 2$. Kennzeichne den Schnittpunkt im Schaubild und lies die Koordinaten des Schnittpunktes ab. Überprüfe durch Rechnung.*

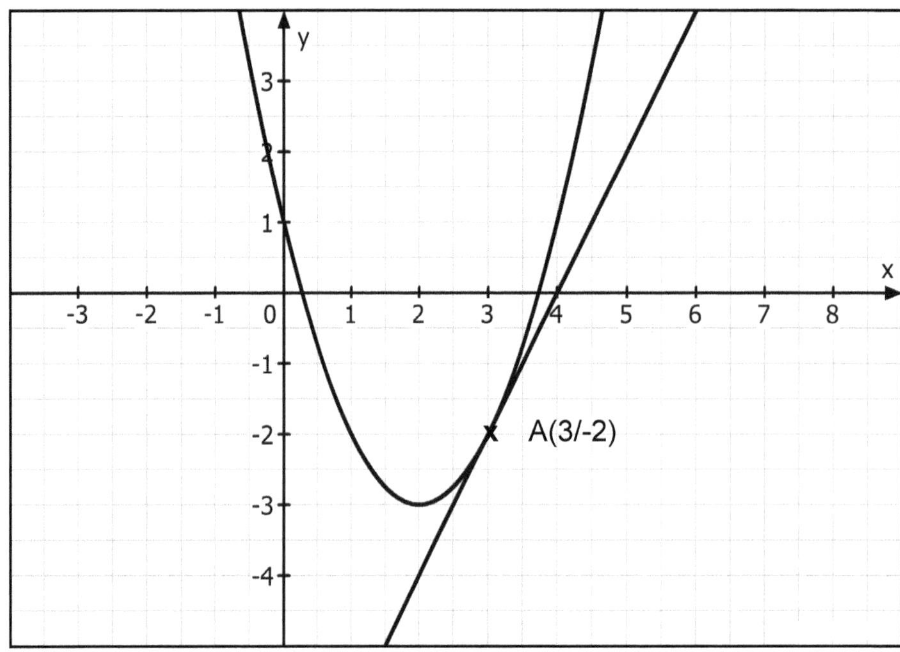

Lösung: Gleichsetzen den Funktionsterme:

$f(x) = g(x)$

$x^2 - 4x + 1 = 2x - 8$ | +8

$x^2 - 4x + 9 = 2x$ | -2x

$x^2 - 6x + 9 = 0$ | pq-Formel

$x_{1/2} = -\frac{p}{2} \pm \sqrt{(\frac{p}{2})^2 - q}$ | p = (-6) und q = 9 einsetzen

$x_{1/2} = -\frac{(-6)}{2} \pm \sqrt{(\frac{(-6)}{2})^2 - 9)}$

$x_{1/2} = +\frac{6}{2} \pm \sqrt{0}$

$x_{1/2} = 3 \pm 0$

$x_1 = 3$ A(3/ ***?***) <u>keine weitere Lösung bzw. Schnittpunkte</u>

Zur Ermittlung der passenden y-Koordinate des Schnittpunktes A setzen wir den x-Wert entweder in f(x) oder in g(x) ein.

Da $g(x) = 2x - 8$ die „einfachere" Funktion ist, nehmen wir hier g(x):

$x_1 = 4$: $g(x) = 2x - 8$
$g(3) = 2 \cdot 3 - 2$
$g(3) = -2$

Daraus folgt: **A(3/-2)**

Die beiden Funktionen f(x) und g(x) haben <u>einen gemeinsamen</u> Punkt. Die Gerade <u>berührt</u> die Parabel. Sie ist eine **Tangente**.

KOHL VERLAG Geraden & Parabeln – Was mache ich wenn ... – Bestell-Nr. 12 330

13a. ... ich den/die Schnittpunkt(e) einer Parabel mit einer Geraden berechnen möchte?

Beispiel 3: *Das Schaubild zeigt die Parabel $f(x) = x^2 + 4x + 5$ und die Gerade $g(x) = 1,5x - 2$. Im sichtbaren Ausschnitt des Schaubildes ist kein Schnittpunkt zu sehen. Überprüfe durch Rechnung, ob es tatsächlich keinen Schnittpunkt gibt.*

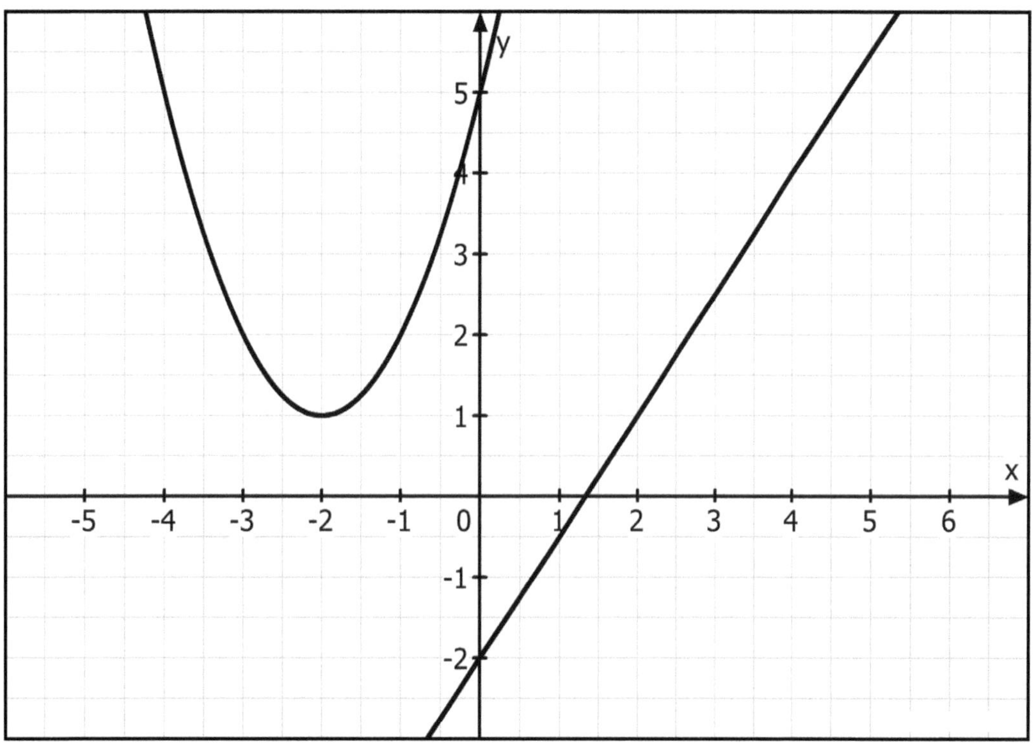

Lösung: Gleichsetzen den Funktionsterme:

$f(x) = g(x)$

$x^2 + 4x + 5 = 1,5x - 2$ | +2

$x^2 + 4x + 7 = 2x$ | -2x

$x^2 + 2x + 7 = 0$ | pq-Formel

$x_{1/2} = -\frac{p}{2} \pm \sqrt{(\frac{p}{2})^2 - q}$ | p = 2 und q = 7 einsetzen

$x_{1/2} = -\frac{2}{2} \pm \sqrt{(\frac{2}{2})^2 - 7}$

$x_{1/2} = +\frac{2}{2} \pm \sqrt{-3}$

nicht definiert, das bedeutet: keine Lösung bzw. kein Schnittpunkt.

Die beiden Funktionen f(x) und g(x) haben keinen gemeinsamen Punkt.
Die Gerade ist eine **Passante**.

13a. … ich den/die Schnittpunkt(e) einer Parabel mit einer Geraden berechnen möchte?

<u>Aufgabe</u>: *Überprüfe rechnerisch jeweils auf mögliche Schnittpunkte. Kontrolliere deine Rechnung anschließend mit einer geeigneten Zeichnung.*

a) Schneiden sich die Parabel $f(x) = x^2 - 6x + 5$ und die Gerade $g(x) = -0{,}5x - 4$?

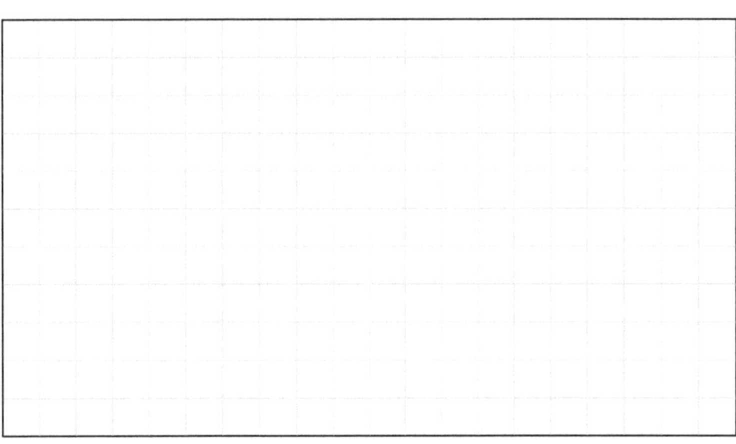

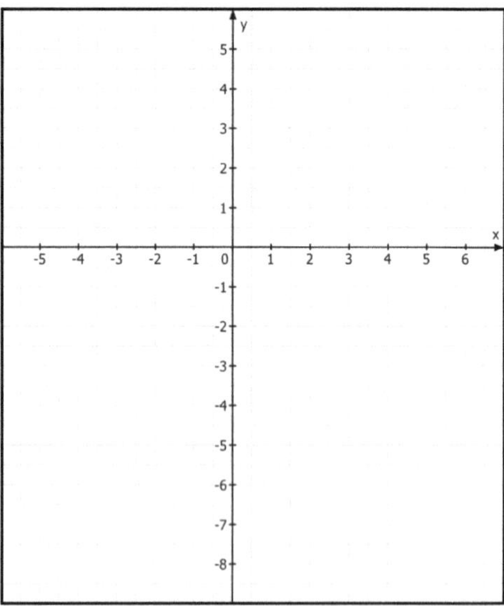

b) Schneiden sich die Parabel $f(x) = x^2 - 2x - 8$ und die Gerade $g(x) = -2x + 1$?

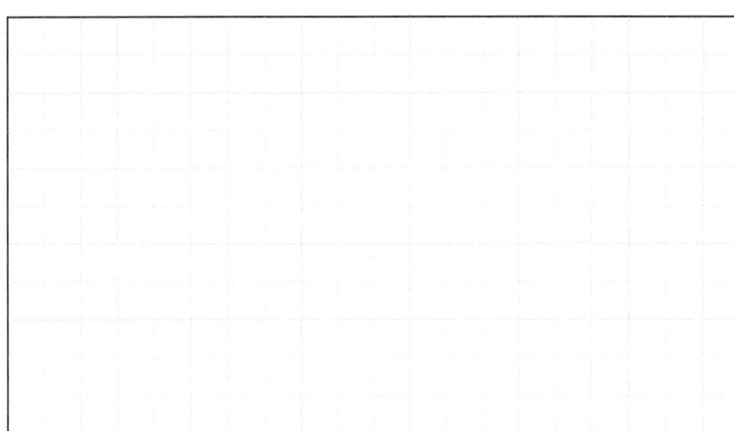

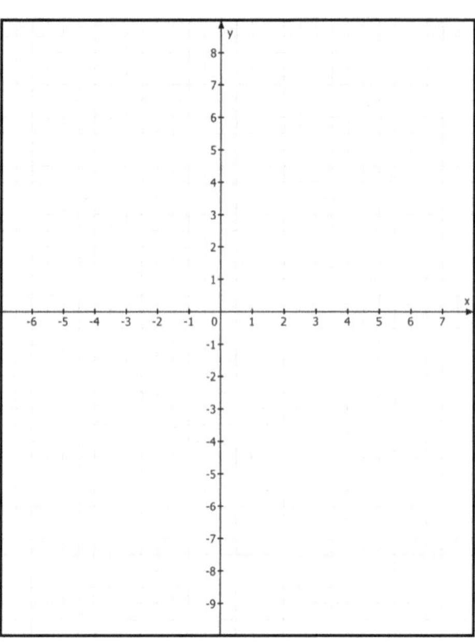

c) Schneidet die Parabel $f(x) = -x^2 - 4x + 2{,}25$ die Gerade $g(x) = x + 8{,}5$?

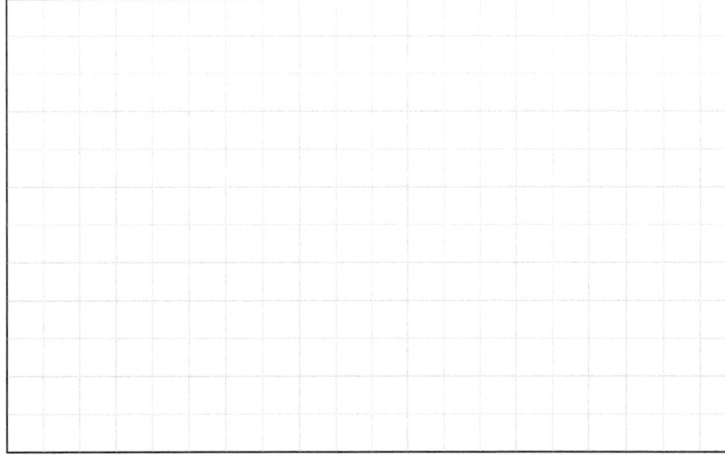

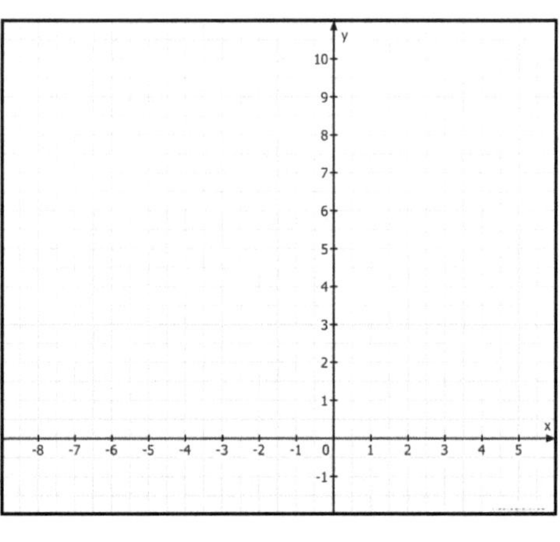

Seite 92

Teil 3: Quadratische Funktionen

13a. … ich den/die Schnittpunkt(e) einer Parabel mit einer Geraden berechnen möchte?

Aufgabe: *Überprüfe rechnerisch jeweils auf mögliche Schnittpunkte. Kontrolliere deine Rechnung anschließend mit einer geeigneten Zeichnung.*

a) Schneiden sich die Parabel $f(x) = x^2 - 6x + 5$ und die Gerade $g(x) = -0{,}5x - 4$?

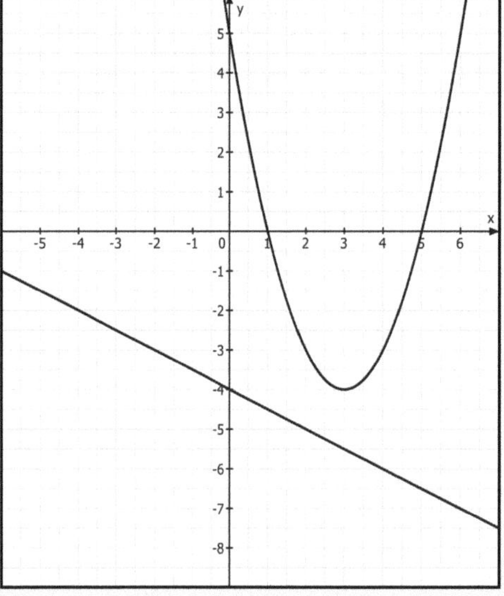

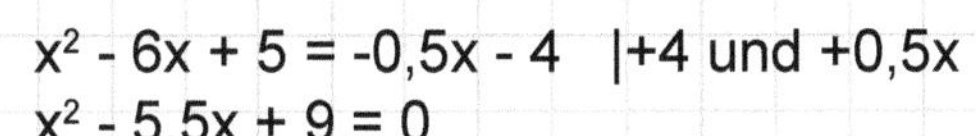

$x^2 - 6x + 5 = -0{,}5x - 4$ | +4 und +0,5x

$x^2 - 5{,}5x + 9 = 0$

$x_{1/2} = -\frac{p}{2} \pm \sqrt{(\frac{p}{2})^2 - q}$ | p = (-5,5) und q = 9 einsetzen

$x_{1/2} = -\frac{(-5{,}5)}{2} \pm \sqrt{(\frac{(-5{,}5)}{2})^2 - 9)}$

$x_{1/2} = +\,2{,}75 \pm \sqrt{(-1{,}4375)}$

nicht definiert, das bedeutet:
<u>keine Lösung bzw. kein Schnittpunkt</u> = Passante

b) Schneiden sich die Parabel $f(x) = x^2 - 2x - 8$ und die Gerade $g(x) = -2x + 1$?

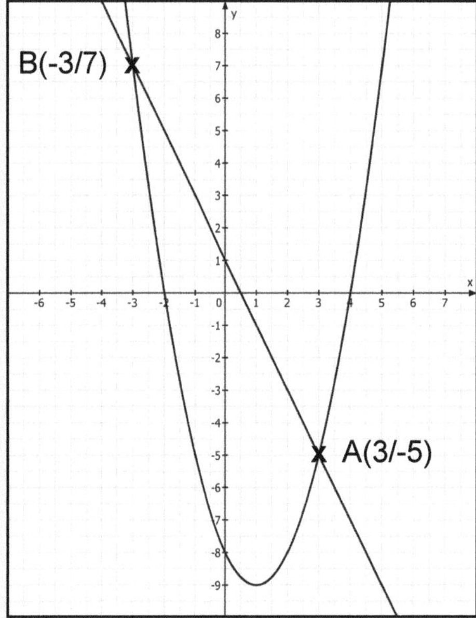

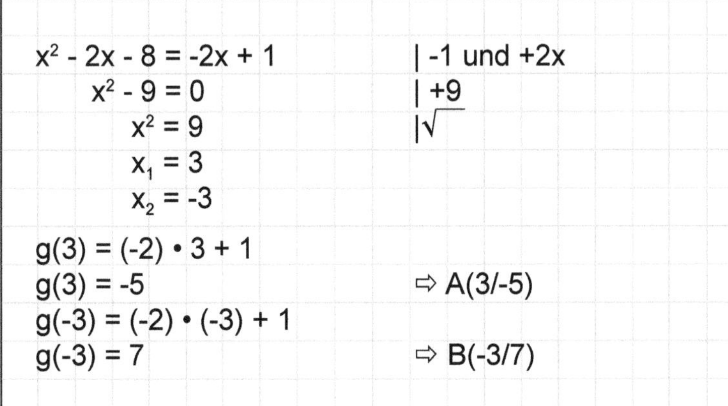

$x^2 - 2x - 8 = -2x + 1$ | -1 und +2x

$x^2 - 9 = 0$ | +9

$x^2 = 9$ | $\sqrt{\ }$

$x_1 = 3$

$x_2 = -3$

$g(3) = (-2) \cdot 3 + 1$

$g(3) = -5$ ⇨ A(3/-5)

$g(-3) = (-2) \cdot (-3) + 1$

$g(-3) = 7$ ⇨ B(-3/7)

c) Schneidet die Parabel $f(x) = -x^2 - 4x + 2{,}25$ die Gerade $g(x) = x + 8{,}5$?

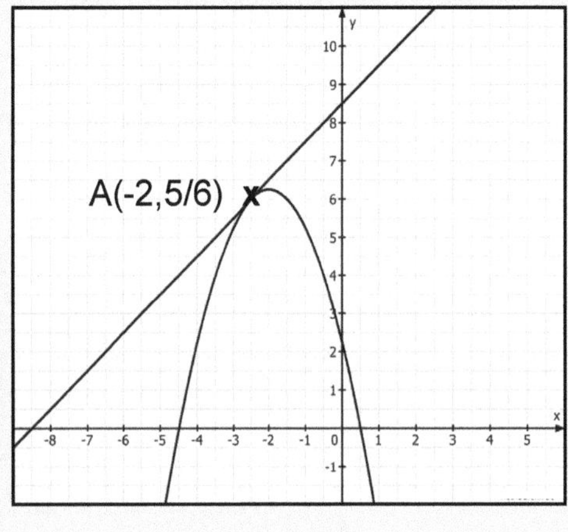

$-x^2 - 4x + 2{,}25 = x + 8{,}5$ | -8,5 und -x

$-x^2 - 5x - 6{,}25 = 0$ | • (-1)

$+x^2 + 5x + 6{,}25 = 0$

$x_{1/2} = -\frac{p}{2} \pm \sqrt{(\frac{p}{2})^2 - q}$ | p = 5 und q = 6,25 einsetzen

$x_{1/2} = -\frac{5}{2} \pm \sqrt{(\frac{5}{2})^2 - 6{,}25}$

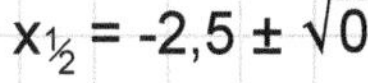

$x_{1/2} = -2{,}5 \pm \sqrt{0}$

$g(-2{,}5) = (-2{,}5) + 8{,}5$

$g(-2{,}5) = 6$ A(-2,5/6)

Die Gerade g(x) ist eine Tangente an f(x) und berührt sie im Punkt A(-2,5/6).

13b. ... ich den/die Schnittpunkt(e) einer Parabel mit einer weiteren Parabel berechnen möchte?

Wenn sich zwei Funktionen schneiden und der oder die Schnittpunkt(e) gesucht sind, dann setzen wir zur Berechnung die beiden Funktionsterme gleich. Dabei ist es möglich, dass wir keinen, einen oder zwei Schnittpunkte erhalten.

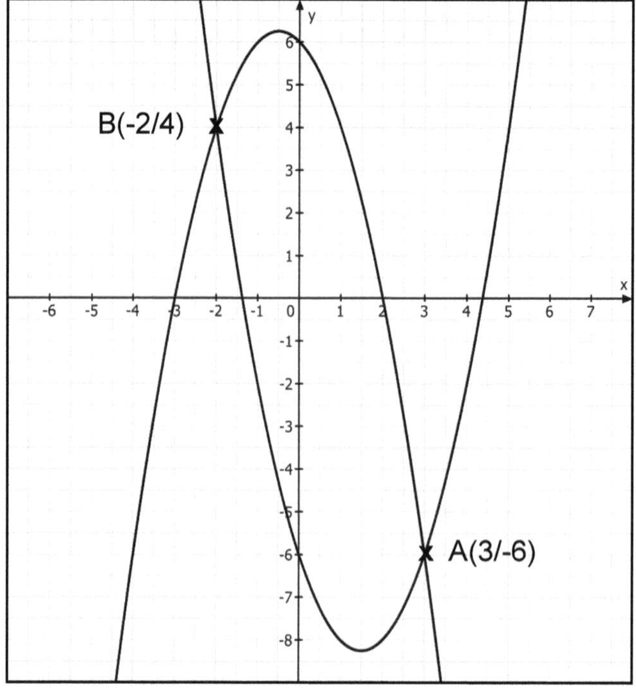

Beispiel 1:

Gegeben sind die Parabeln $f(x) = x^2 - 3x - 6$ und $h(x) = -x^2 - x + 6$. Kennzeichne die Schnittpunkte im Schaubild und lies die Koordinaten der Schnittpunkte ab. Überprüfe durch Rechnung.

Lösung: Gleichsetzen den Funktionsterme:

$f(x) = h(x)$

$x^2 - 3x - 6 = -x^2 - x + 6$ | -6 und +x und $+x^2$

$2x^2 - 2x - 12 = 0$ | : 2

$x^2 - x - 6 = 0$ | pq-Formel

$x_{1/2} = -\frac{p}{2} \pm \sqrt{(\frac{p}{2})^2 - q}$ | p = (-1) und q = (-6) einsetzen

$x_{1/2} = -\frac{(-1)}{2} \pm \sqrt{(\frac{(-1)}{2})^2 - (-6)}$

$x_{1/2} = +\frac{1}{2} \pm \sqrt{0,25 + 6}$

$x_{1/2} = 0,5 \pm 2,5$

$x_1 = 3$ A(3/ **?**)
$x_2 = -2$ B(-2/ **?**)

Zur Ermittlung der passenden y-Koordinaten der Schnittpunkte A und B setzen wir beide x-Werte in separaten Rechnungen entweder in f(x) oder in h(x).

$x_1 = 3$: $f(x) = x^2 - 3x - 6$
$f(3) = 3^2 - 3 \cdot 3 - 6$
$f(3) = -6$

$x_2 = (-2)$: $f(x) = x^2 - 3x - 6$
$f(-2) = (-2)^2 - 3 \cdot (-2) - 6$
$f(-2) = 4$

Daraus folgt: **A(3/-6)** **und** **B(-2/4)**

Die beiden Funktionen f(x) und h(x) haben zwei gemeinsame Punkte.

13b. ... ich den/die Schnittpunkt(e) einer Parabel mit einer weiteren Parabel berechnen möchte?

Beispiel 2: *Das Schaubild zeigt die Parabeln $f(x) = x^2 - 2x - 1$ und $h(x) = x^2 + 5x + 6$. Kennzeichne den Schnittpunkt im Schaubild und lies die Koordinaten des Schnittpunktes ab. Überprüfe durch Rechnung. Gibt es noch einen weiteren Schnittpunkt?*

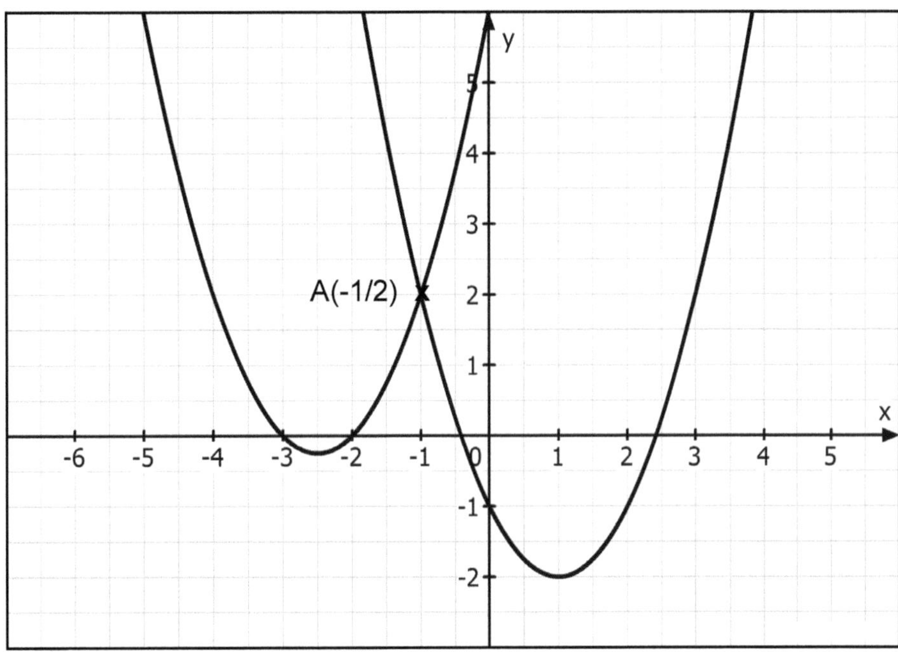

Lösung: Gleichsetzen den Funktionsterme:

$f(x) = h(x)$

$x^2 - 2x - 1 = x^2 + 5x + 6$	$\mid x^2$
$-2x - 1 = 5x + 6$	$\mid - 2x$
$-1 = 7x + 6$	$\mid - 6$
$-7 = 7x$	$\mid : 7$
$-1 = x$	
A(-1/ ***?***)	<u>keine weitere Lösung bzw. Schnittpunkte</u>

Zur Ermittlung der passenden y-Koordinate des Schnittpunktes A setzen wir den x-Wert entweder in f(x) oder in h(x) ein.

$x_1 = -1$: $h(x) = x^2 + 5x + 6$
$h(-1) = (-1)^2 + 5 \cdot (-1) + 6$
$h(-1) = 2$

Daraus folgt: **A(-1/2)**

Die beiden Funktionen f(x) und h(x) haben einen gemeinsamen Punkt.

KOHL VERLAG Geraden & Parabeln Was mache ich, wenn...? - Bestell-Nr. 12 220

13b. ... ich den/die Schnittpunkt(e) einer Parabel mit einer weiteren Parabel berechnen möchte?

Beispiel 3: *Das Schaubild zeigt die Parabel $f(x) = x^2 - 6x + 10$ und die Parabel $h(x) = -x^2 - 3x + 4$. Im sichtbaren Ausschnitt des Schaubildes ist kein Schnittpunkt zu sehen. Überprüfe durch Rechnung, ob es tatsächlich keinen Schnittpunkt gibt.*

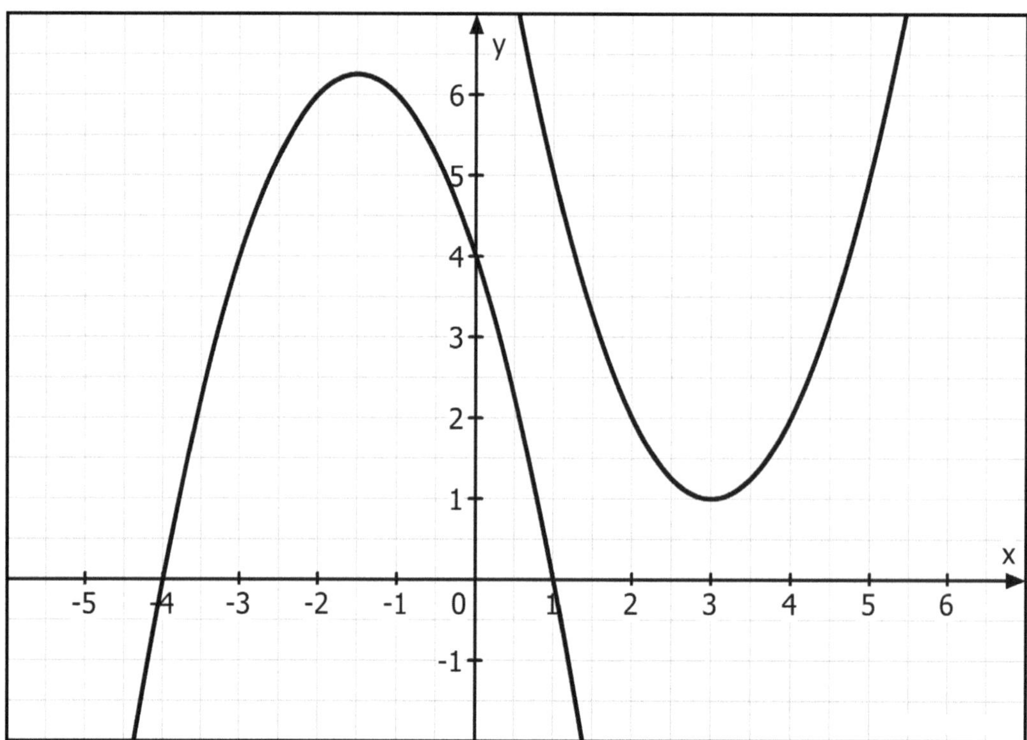

Lösung: Gleichsetzen den Funktionsterme:

$f(x) = h(x)$

$x^2 - 6x + 10 = -x^2 - 3x + 4 \quad | +x^2$

$2x^2 - 6x + 10 = -3x + 4 \quad | +3x$

$2x^2 - 3x + 10 = +4 \quad | -4$

$2x^2 - 3x + 6 = 0 \quad | :2$

$x^2 - 1{,}5x + 3 = 0 \quad |$ pq-Formel

$x_{1/2} = -\frac{p}{2} \pm \sqrt{(\frac{p}{2})^2 - q} \quad |$ p = (-1,5) und q = 3 einsetzen

$x_{1/2} = -\frac{-1{,}5}{2} \pm \sqrt{(\frac{-1{,}5}{2})^2 - 3}$

$x_{1/2} = +\frac{3}{4} \pm \sqrt{-2{,}4375}$

nicht definiert, das bedeutet: keine Lösung bzw. kein Schnittpunkt

Die beiden Funktionen f(x) und h(x) haben keinen gemeinsamen Punkt.

KOHL VERLAG Geraden & Parabeln – Was mache ich, wenn... 2 – Bestell-Nr. 12 390

13b. ... ich den/die Schnittpunkt(e) einer Parabel mit einer weiteren Parabel berechnen möchte?

Aufgabe: *Überprüfe rechnerisch jeweils auf mögliche Schnittpunkte. Kontrolliere deine Rechnung anschließend mit einer geeigneten Zeichnung.*

a) Wie oft schneiden sich die Parabeln $f(x) = x^2 - 2x + 2$ und $h(x) = 0{,}5x^2 - x - 0{,}5$?

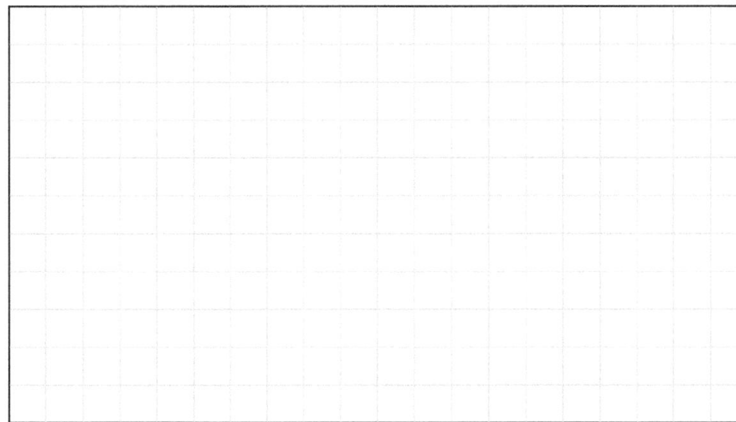

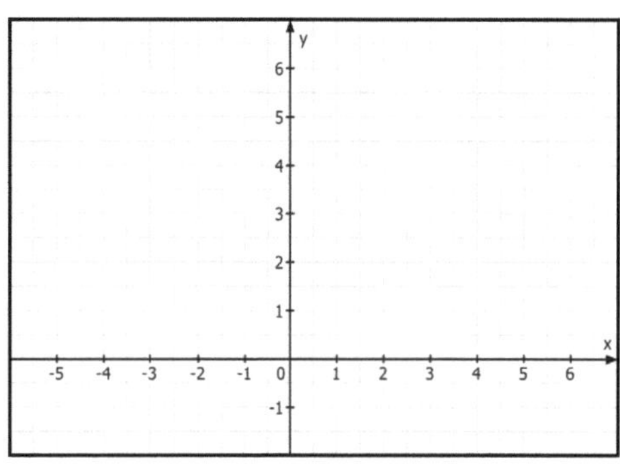

b) Gegeben ist die Parabel $f(x) = x^2 + 4x + 3$. Lara behauptet, dass sich die Parabeln f(x) und $h(x) = x^2 - 4x + 3$ genau einmal schneiden und dass sich dieser Schnittpunkt auf einer der Koordinatenachsen befindet. Hat Lara Recht? Prüfen rechnerisch und zeichnerisch.

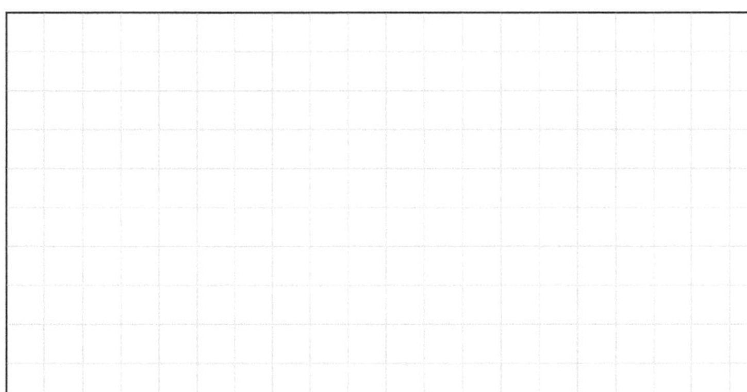

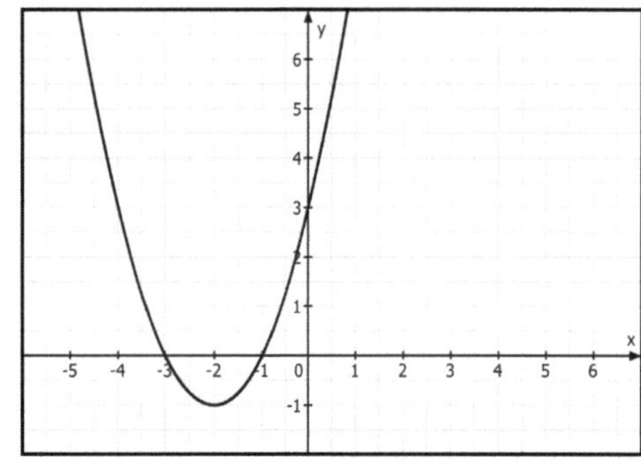

c) Schneiden sich die Parabeln $f(x) = -x^2 - x + 1$ und $h(x) = x^2 + x - 3$?

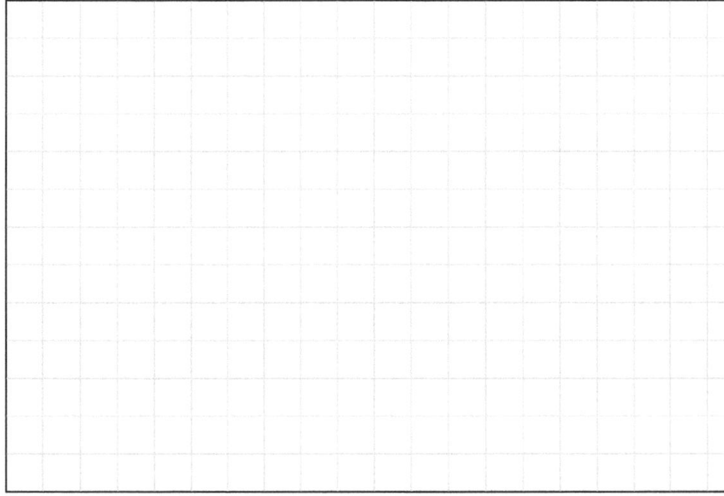

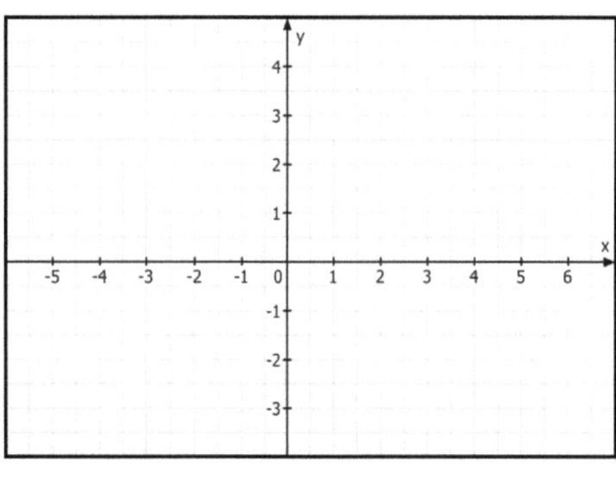

KOHL VERLAG Geraden & Parabeln *Was mache ich, wenn...?* - Bestell-Nr. 12 220

Teil 3: Quadratische Funktionen

13b. ... ich den/die Schnittpunkt(e) einer Parabel mit einer weiteren Parabel berechnen möchte?

Aufgabe: *Überprüfe rechnerisch jeweils auf mögliche Schnittpunkte. Kontrolliere deine Rechnung anschließend mit einer geeigneten Zeichnung.*

a) Wie oft schneiden sich die Parabeln $f(x) = x^2 - 2x + 2$ und $h(x) = 0{,}5x^2 - x - 0{,}5$?

$x^2 - 2x + 2 = 0{,}5x^2 - x - 0{,}5 \quad | +0{,}5x^2 + x + 0{,}5$

$0{,}5x^2 - x + 2{,}5 = 0 \quad | \cdot 2$

$x^2 - 2x + 5 = 0 \quad |$ pq-Formel

$x_{1/2} = -\frac{p}{2} \pm \sqrt{(\frac{p}{2})^2 - q} \quad | \; p = (-2)$ und $q = 5$ einsetzen

$x_{1/2} = -\frac{(-2)}{2} \pm \sqrt{(\frac{(-2)}{2})^2 - 5}$

$x_{1/2} = +1 \pm \sqrt{(-4)}$

nicht definiert, das bedeutet:
<u>keine Lösung bzw. kein Schnittpunkt</u>

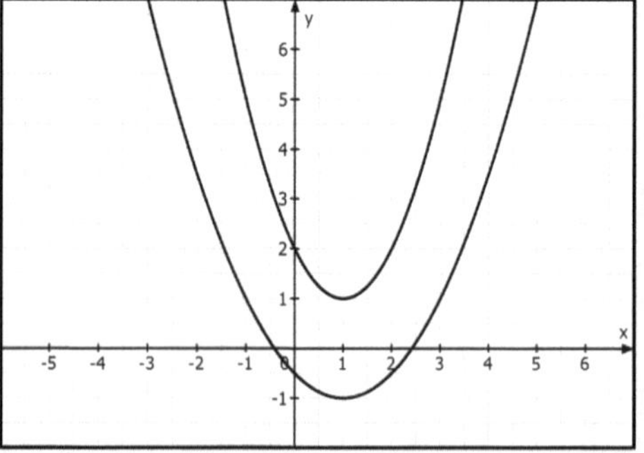

b) Gegeben ist die Parabel $f(x) = x^2 + 4x + 3$. Lara behauptet, dass sich die Parabeln f(x) und $h(x) = x^2 - 4x + 3$ genau einmal schneiden und dass sich dieser Schnittpunkt auf einer der Koordinatenachsen befindet. Hat Lara Recht? Prüfen rechnerisch und zeichnerisch.

$x^2 + 4x + 3 = x^2 - 4x + 3 \quad | -x^2 + 4x - 3$

$8x = 0 \quad | :8$

$x = 0$

$f(x) = x^2 + 4x + 3$

$f(0) = 0^2 + 4 \cdot 0 + 3$

$f(0) = 3 \quad \Rightarrow A(0/3)$

Schnittpunkt liegt auf der y-Achse.
Lara hat Recht.

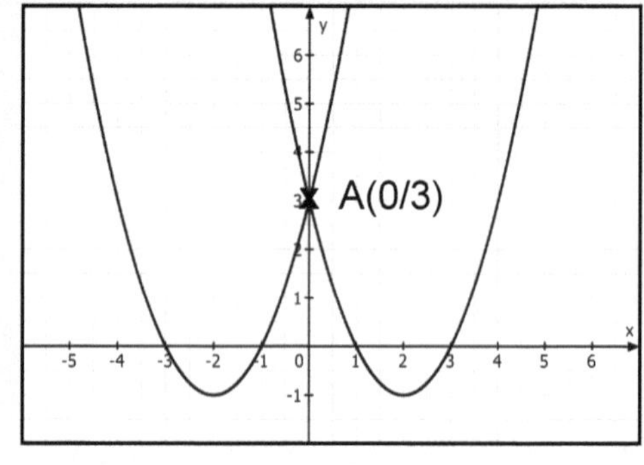

c) Schneiden sich die Parabeln $f(x) = -x^2 - x + 1$ und $h(x) = x^2 + x - 3$?

$-x^2 - x + 1 = x^2 + x - 3 \quad | +x^2$ und $+x$ und -1

$0 = 2x^2 + 2x - 4 \quad | : 2$

$0 = x^2 + x - 2$

$x_{1/2} = -\frac{p}{2} \pm \sqrt{(\frac{p}{2})^2 - q} \quad | \; p = 1$ und $q = (-2)$ einsetzen

$x_{1/2} = -\frac{1}{2} \pm \sqrt{(\frac{1}{2})^2 + 2}$

$x_{1/2} = -0{,}5 \pm \sqrt{2{,}25}$

$x_{1/2} = -0{,}5 \pm 1{,}5$

$x_1 = 1 \quad \Rightarrow h(1) = -1 \quad$ A(1/-1)

$x_2 = -2 \quad \Rightarrow h(-2) = -1 \quad$ B(-2/-1)

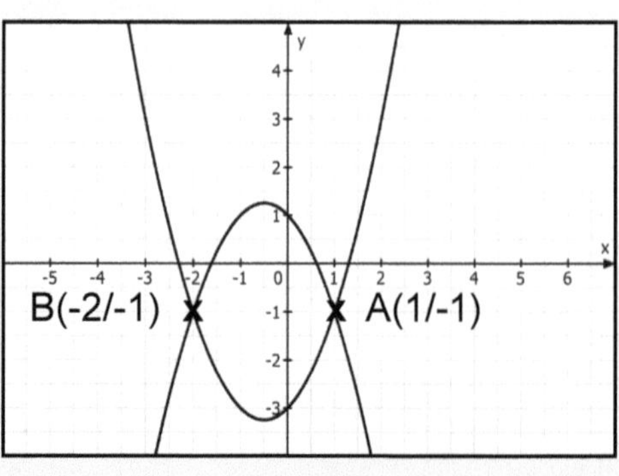

ans-J. Schmidt

eichenspaß mit Spiegelbildern

eometrische Grunderfahrungen stärken

urch den täglichen Umgang mit Spiegelbildern werden Grunder-hrungen der Geometrie trainiert. Wichtig für den zukünftigen Un-rrichtsstoff ist es, Sicherheit beim Abzählen von Längen, Klarheit ei der Achsensymmetrie sowie einen Sinn für gespiegelte Objekte entwickeln. Auch der Umgang mit Quadratgitterlinien und diver-en Achsen wird hier spielerisch gelernt. Die Spiegelbilder sind in ei Schwierigkeitsstufen eingeteilt. Sauberes Zeichnen, intensive onzentration, Wahrnehmung und Durchhaltevermögen werden mit esem Material gezielt geschult und gestärkt!

64 Seiten	11 237	ab 14,99 €

5 6

Michael Junga

Intelligente Spiegelrätsel

Räumliches Denktraining

Differenzierte Vorlagen zum sachgerechten Anfertigen von Spiegelbildern mit einer oder mehreren Spiegelachsen. Visuelle Übungen mit dem Schwerpunkt Figur-Grund-Wahrnehmung fördern die Auge-Hand-Koordination sowie die Konzentration. Das fertige Bild kann farbig ausgestaltet werden. Die Übungsvorlagen zeigen einen aufsteigenden Schwierigkeitsgrad und können deshalb auch sehr gut zeit-gleich im Rahmen der inneren Differenzierung eingesetzt werden.

64 Seiten	11 394	ab 14,99 €

FÖ

5 6 7

Klasse: 5, 6, 7, 8, 9, 10, 11-13

Mathematik

echentechnik

ans-J. Schmidt

tationenlernen

ruch-, Zins- & Prozentrechnung

mfassende Übungen mit flexibel einsetzbaren Stationen. ie Aufgaben sind einsetzbar als Gesamtangebot oder auch gepasst an das Leistungsvermögen. Abwechslungsreiche bungsformen mit thematisch passenden Textaufgaben.

Übersichtliche Aufgabenkarten
Schnelle Vorbereitung
Lösungen zur Selbstkontrolle

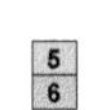

48 S.	Prozentrechnen	11 946	ab 13,49 €
80 S.	Bruchrechnen	12 002	ab 16,49 €
80 S.	Zinsrechnen	12 003	ab 14,99 €

5 6 7 8

efan Lamm

1ein Mathe-Malbuch

Brüche kennenlernen

and 7 der „Mein Mathe-Malbuch"-Reihe führt die Kinder erstmals in e Welt der Brüche. Sie lernen Bruchteile zu erkennen und benen-en. Es sollen Brüche mit passenden Mustern kombiniert werden und hließlich stehen auch erste, einfache Rechnungen mit Brüchen zur erfügung. Die dabei verwendete Grundschrift erleichtert den Kindern as Arbeiten ... und ganz nebenbei entstehen kleine Kunstwerke, die en Klassenraum schmücken können und als schöne Erinnerung an die rnschritte für spätere Zeiten dienen können.

32 Seiten	12 667	ab 11,99 €

FÖ INK

5 6

bine Hauke

rüche & Bruchrechnung

Mein Mathe-Portfolio

Eigene Aufgaben erstellen und die Bruchrechnung „durchdringen".
Mit selbst ergänzten Merksätzen, vielen Beispielen und abwechs-ungsreichen Aufgaben findet jeder Schüler Unterstützung auf ndividuellem Niveau.
Bruchbegriffe und Regeln werden handlungsorientiert erarbeitet.

56 Seiten	11 428	ab 14,49 €

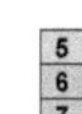

5 6 7

Smith & B. Owen

rüche entdecken

kennen, umwandeln & berechnen

ie große Schwierigkeit beim Erlernen des Bruchrechnens liegt im twickeln einer Vorstellung, was der Bruchteil eines Ganzen ist und e man mit solchen Größen rechnerisch umgeht. Wie hängen Brüche d Prozent-angaben zusammen und was hat die Dezimalschreibwei-damit zu tun? Wie lassen sich die Grundrechenarten mit Brüchen rchführen?

RBIG	40 Seiten	15 036	ab 17,49 €

FÖ

5 6 7

rnelia Gutjahr

eine Angst mehr vor Brüchen

wird eine ausführliche, sehr leicht verständliche Einführung in s Rechnen mit Brüchen und Dezimalzahlen gegeben. In de-illierten Schritten wird die Herangehensweise zur Lösung von uchrechnungs- und Dezimalzahlenaufgaben erläutert. Zahlrei-e Beispielaufgaben, zu denen ausführliche Lösungswege mit gegeben sind, bieten den Schülern sehr gute Möglichkeit, das worbene Wissen zu festigen. Das Material ist so aufbereitet, ss sich Schüler sowohl die gesamten Grundlagen der Bruch-d Dezimalzahlenrechnung als auch einzelne Themenabschnitte gar im Selbststudium problemlos aneignen und dadurch rsäumten Stoff schnell nachholen können.

96 Seiten	12 924	ab 18,99 €

6 7 8

Rudi Lütgeharm

Diagramme im Unterricht

... verstehen & darstellen

Dieser Band beschreibt praxisnah Balken-, Säulen-, Kreis- & Kurvendiagramm etc. und erläutert die Rechts- und Hoch-achse. Die Schüler werden durch vielfältige Übungen in die Lage versetzt, Zahlen in „Figuren" und einfache Diagramme wie Balken-, Säulen-, Kreis- & Kurvendiagramme anzufertigen. Mit Tipps und Hinweisen zur Erstellung und zur richtigen Auswahl von Diagrammen sowie Vor-schläge für die Bewertung von Diagrammen.

52 Seiten	12 269	ab 13,49 €

5 6 7 8 9 10

Friedhelm Heitmann

Statistik und Wahrscheinlichkeitsrechnung

... kinderleicht erlernen

Es gibt einen ersten Teil mit dem Schwerpunkt Statistik und einen zweiten Teil, der sich mit der Wahrscheinlichkeits-rechnung befasst. Die Aufgaben sind in unterschiedlichen Niveaustufen und so auch für die gezielte Förderung lernschwächerer Schüler geeignet.

80 Seiten	11 661	ab 16,49 €

FÖ

5 6 7 8 9 10

Jörg Krampe & Rolf Mittelmann

Runden & Überschlagsrechnen

Übungen in vier Differenzierungsstufen

Die Übungen zum Runden enthalten jeweils maximal 20 Auf-gaben, die Übungen zur Überschlagsrechnung nur 6-9 Aufga-ben. Jedes Übungsblatt enthält eine Anleitung mit Beispiel. Die Lösungen befinden sich auf den Rückseiten der Übungsblätter. Drei verschiedene spielerische Kontrollformen bieten Abwechs-lung und Variantenreichtum, ohne sich zu verzetteln.

64 Seiten	11 667	ab 14,49 €

5 6 7

Hermine Wabl

Teilbarkeitsregeln & Primfaktorzerlegung

Einstieg in den Zahlenaufbau

Dieses ist ein unverzichtbares Werkzeug für die Bruchrechnung. Es ist aber auch so spannend zu erfahren, dass es unzerleg-bare Zahlen, die Primzahlen, gibt. Sie sind die Bausteine, in die sich alle anderen Zahlen zerlegen lassen. Spannend ist auch, dass es oft mehrere Wege zur kompletten Zerlegung gibt. Diese „Zahlenchemie" führt dann ganz einfach auch zum ggT und kgV.

52 Seiten	12 750	ab 14,49 €

FÖ

5 6

Hermine Wabl

Klammer vor Punkt vor Strich

Übungen zur „KlaPuStri-Regel"

Hier geht es um das grundlegende Rechengesetz, das manche die „KlaPuStri"-Regel nennen. Das Ziel soll sein, dass man diese im Schlaf beherrscht, also ohne Nachdenken. Ein Gefühl dafür, dass es wirklich darauf ankommt, was man zuerst ausrechnet und welchen Teil später, bekommt man am besten durch Stau-nen beim Vergleich zwischen der falschen und der richtigen Art zu rechnen.

48 Seiten	12 751	ab 13,49 €

FÖ

5 6 7

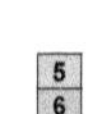

Klasse 5 6 7 8 9 10 11-13

Mathematik

Petra Hartmann

Maßeinheiten an Stationen

Größen erfassen und darstellen

Mit Maßeinheiten – für Längen, Flächen, Gewichte, Zeiten … - muss man immer sicher umgehen können. Die eigentlich einfache Logik des Umrechnens von Maßen erfordert aber eine gute grobe Vorstellung für die jeweiligen Größenordnungen. Diese sichere Basis wird hier gezielt durch Übungen erworben, so gelangen die Schüler Schritt für Schritt ganz ohne Stress umrechnend auch zu ganz großen und ganz kleinen Maßeinheiten bzw. Zahlen.

52 S.	12 755	ab 14,49 €

5 6

Tobias & Nik Vonderlehr

Maßeinheiten umrechnen

Gewicht, Maß, Zeit

Egal ob Längen-, Flächen- oder Volumeneinheiten, ob Geld-, Gewichts- oder Zeiteinheiten, mit diesen Materialien unterstützen Sie Ihre Schützlinge. Die Kommaschreibweise wird genauso trainiert, wie das Schreiben in gemischten Einheiten. Entsprechende Textaufgaben sind ebenfalls vorhanden.

56 S.	12 316	ab 14,49 €

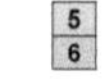

PDF plus

5 6

Rudi Lütgeharm

Maßstab verstehen & anwenden

Alltäglich „begegnen" wir bewusst oder unbewusst dem Thema „Maßstab". Abbildungen in Zeitschriften und Büchern, Darstellungen auf dem Computer, eine Straßen- oder Stadtplankarte, Ausschnitte auf dem Navigationsgerät und Routenplaner etc. Dieser Band zeigt mit anschaulichen Beispielen auf, wie man methodisch gut vom „Abbild" zum „Maßstab" übergehen und mit welchen Aufgaben der Maßstab selbst entdeckt werden kann.

60 S.	12 250	ab 14,99 €

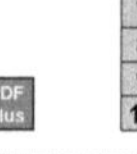

PDF plus

5 6 7 8 9 10

Petra Hartmann

Intensivtrainer Rechnen

Dyskalkulie offensiv angehen

In diesen Trainingsbüchern finden sich viele verschieder Matheaufgaben für die Klassenstufen 5/6. Die Aufgaben i Zahlenraum bis 1 Mio. und darüber hinaus sind leicht verstän lich und können selbstständig erarbeitet werden. Mit Hilfe d Lösungen im Anhang können die Schüler die Aufgaben selb überprüfen. Ein effektives Übungsprogramm zur Beseitigur von Rechenschwächen, auch zur Nachhilfe und zum häus chen Üben bestens geeignet! Der regelmäßige Einsatz beloh die Kinder schnell mit besseren Ergebnissen!

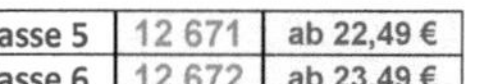

124 S.	Klasse 5	12 671	ab 22,49 €
148 S.	Klasse 6	12 672	ab 23,49 €

FÖ

5 6

Birgit Brandenburg & Stefanie Kraus

Mit Maßeinheiten rechnen lernen

Schritt für Schritt erste Erfahrungen mit den Maßeinheiten in steigend Schwierigkeitsstufe. Lebensnahe und leicht umsetzbare Textaufgaben s wie Übungsaufgaben zur Umwandlung der Maßeinheiten werden thema siert. Hinzu kommen offene Aufgaben.

124 Seiten	19 043	ab 22,49 €

PDF plus

Stefan Lamm

Potenzen & Wurzeln ... kinderleicht erlernen

Das komplexe Themengebiet der Potenz- und Wurzelrechnung wird schri weise erklärt und wird mit zahlreichen Aufgaben geübt. Zu jeder Rechenr gel stehen Übungen in drei Niveaustufen zur Verfügung. Dadurch wird d Umgang mit diesen komplexen Rechnungen kinderleicht erlernbar.

40 Seiten	11 832	ab 12,49 €

Tobias Vonderlehr

Polynomdivison & Substitution

Die Vorgehensweise wird anhand einer ausführlichen Beispielaufgabe e läutert, die auch als Grundlage für Referate oder zur Selbsterschließung u terrichtlich genutzt werden kann. Im Anschluss werden Aufgaben zur Verfa renseinübungen angeboten.

40 Seiten	12 012	ab 12,49 €

Terme & Gleichungen

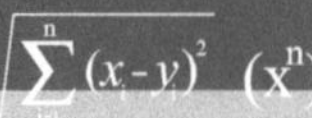

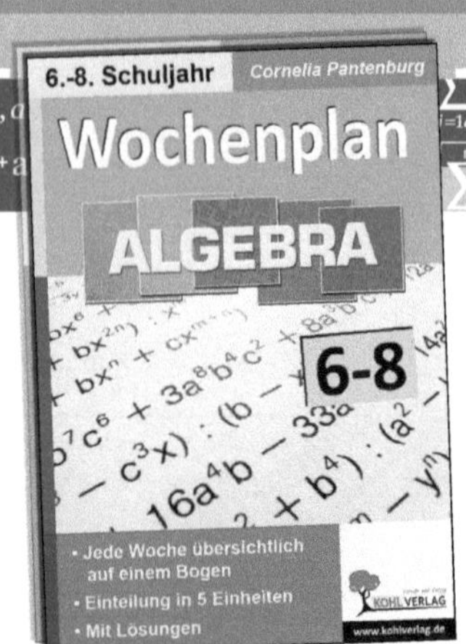

Cornelia Pantenburg

Wochenplan Algebra

Jede Woche übersichtlich auf einem Bogen

*Wochenpläne geben durch ihren übersichtlichen Aufbau Klarheit und Struktur. Durch diese Arbeitsweise werden bei den Schüler*innen grundlegende Kompetenzen wie Selbstorganisation und Ausdauer gefördert. Die korrekte Umformung algebraischer Terme und Gleichungen lässt sich so systematisch üben und „einschleifen", damit die immer wieder auftauchenden „dummen" Fehler endlich verschwinden!*

Klasse 6-8	12 500	je 80 Seiten
Klasse 9-10	12 501	ab 16,49 €

6 7 8 9 10

Hans-J. Schmidt

Einführung in das Koordinatensystem

Das Quadratgitter wird erweitert zum Koordinatensystem mit seinen 4 Quadraten. Auch hierzu gibt es 6 Blätter mit Übungen. Daran schließen sich 3 Tests an, die zeigen, wie weit das Stoffgebiet beherrscht wird. Die Arbeitsblätter sind so aufgebaut, dass man sich das Thema eigenverantwortlich aneignen kann. Als besonderer Bonus enthält dieser Band das „Märchen von den verwunschenen Brüdern", das mit passenden Aufgaben ausgestattet ist, die das Verständnis und besondere Lernlust bringen.

48 Seiten	11 128	ab 13,49 €

5 6 7

Friedhelm Heitmann

Quadratische Funktionen & Gleichungen

... kinderleicht erlernen

Quadratische Funktionen sind eine wichtige Voraussetzung für eine erfolgreiche Kurvendiskussion. Diese Grundkenntnisse werden betont kleinschrittig vermittelt und eingeübt und steigern sich kontinuierlich im Schwierigkeitsgrad. Neben den Parabeln wird auch die Bearbeitung und Lösung quadratischer Gleichungen vermittelt.

160 Seiten	12 105	ab 24,99 €

7 8 9 10 11-13

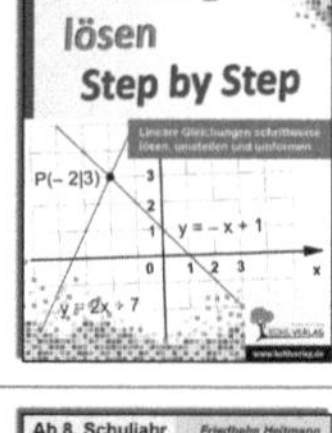

Hans-J. Schmidt

Gleichungen lösen *Step by Step*

Oft entstehen Probleme, wenn Gleichungen mit Formvariablen gelöst werd sollen oder Formeln umgestellt werden müssen. Diese Aufgabenkarten b ten durch ein raffiniertes Verfahren die Möglichkeit, dass Schüler sich dies Thema in eigenverantwortlicher Arbeit aneignen. Die Aufgabenkarten sind gestaltet, dass die Gleichungen Schritt für Schritt umgeformt und der Lösung zugeführt werden.

64 Seiten	12 007	ab 14,99 €

Friedhelm Heitmann

Lineare Gleichungen ... mit 1-3 Unbekannten

In kleinschrittiger Vorgehensweise werden lineare Gleichungen mit eir Variablen, sowie lineare Gleichungssysteme mit zwei bzw. drei Variabl behandelt. Zielsetzungen des Bandes sind die Vermittlung, Festigung sov Überprüfung grundlegender Kenntnisse und Erkenntnisse zur genannten Thematik. Dabei thematisiert der Band auch diverse Textaufgaben.

128 Seiten	12 239	ab 19,99 €

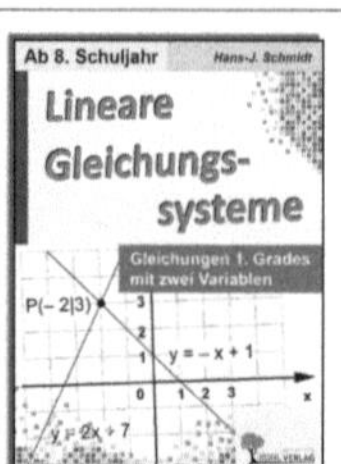

Hans-J. Schmidt

Lineare Gleichungssysteme

Gleichungen 1. Grades mit zwei Variablen

An mehreren Stationen lernen die Schüler, wie man Gleichungen 1. Grad mit zwei Variablen löst. Jede Station besteht aus Aufgabenkarten im Form 9x13 cm, die ausgeschnitten und in der Mitte gefalzt werden – und dar eine Lernkartei bilden, die immer wieder verwendet werden kann.

128 Seiten	11 897	ab 19,99 €

Friedhelm Heitmann

Step by Step - Lineare Gleichungssysteme

... mit zwei Variablen

Neben dem zeichnerischen Lösungsverfahren werden auch das Gleichs zungs-, Einsetzungs- & Additionsverfahren step by step erläutert und geübt. Darüber hinaus stehen auch Aufgaben zur Grundlagenwiederholung der Algebra zur Verfügung. Mit Textaufgaben zur Vertiefung!

44 Seiten	12 812	ab 13,49 €

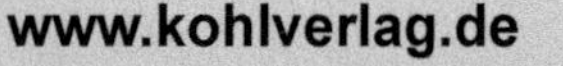